时空之舞

中学生能懂的相对论

陈海涛 / 著

Shikong zhi Wu
Zhongxuesheng Neng Dong
de Xiangduilun

北京大学出版社
PEKING UNIVERSITY PRESS

图书在版编目(CIP)数据

时空之舞:中学生能懂的相对论/陈海涛著. —北京:北京大学出版社,2017.9
ISBN 978-7-301-28589-3

Ⅰ.①时… Ⅱ.①陈… Ⅲ.①相对论—青少年读物 Ⅳ.①O412.1-49

中国版本图书馆 CIP 数据核字(2017)第 195728 号

书　　　名	时空之舞——中学生能懂的相对论
著作责任者	陈海涛　著
责 任 编 辑	刘　啸
标 准 书 号	ISBN 978-7-301-28589-3
出 版 发 行	北京大学出版社
地　　　址	北京市海淀区成府路 205 号　　100871
网　　　址	http://www.pup.cn　　新浪微博　@北京大学出版社
电 子 信 箱	zpup@pup.cn
电　　　话	邮购部 62752015　发行部 62750672　编辑部 62754271
印 刷 者	河北滦县鑫华书刊印刷厂
经 销 者	新华书店
	730 毫米×980 毫米　16 开本　18.75 印张　插页 4　270 千字
	2017 年 9 月第 1 版　2022 年 1 月第 4 次印刷
定　　　价	46.00 元

序言 1

　　陈海涛先生的《时空之舞》一书，用年轻人常用的语言，优美的笔法，对相对论做了通俗易懂的介绍。

　　此书用主要篇幅介绍了爱因斯坦的狭义相对论，包括它的建立、主要内容和有趣的结论，诸如时钟变慢、动尺收缩、速度合成、质能关系、双生子佯谬、车库佯谬等等，还用中学生可以看得懂的初等数学，介绍了相对论的一些重要公式的推导，对于希望深入了解相对论的普通读者有一定参考价值。

　　这本书还用一定篇幅对广义相对论做了介绍，包括它的物理基础"等效原理"、它的主要内容及三个最重要的实验验证。

　　特别难能可贵的是，作者用自己设计的方法，推导了质能关系，用狭义相对论和等效原理探讨了引力红移，避开了广义相对论中难懂的黎曼几何，得到了与广义相对论相同的结果。

　　总之，这是一本很好的科普读物，值此广义相对论发表 100 周年之际，我向读者们推荐这本书。

北京师范大学物理系教授　赵峥

序言 2

    2015 年是爱因斯坦建立广义相对论 100 周年，提出狭义相对论 110 周年。爱因斯坦的相对论是 20 世纪物理学的两个重大发现之一，已经成为了现代物理学不可或缺的基石。相对论，特别是狭义相对论，已经在大量科学实验中得到了非常精确的检验，也得到了广泛的应用。对于普通民众而言，也许已经从各种科幻小说或者《接触》《星际穿越》等电影中接触到了诸如时间旅行、黑洞、虫洞等概念，对这些可能的物理现象所涉及的相对论知识感兴趣。但是在真正接触到相对论以后，大部分人对相对论仍然感到莫测高深，甚至有的人开始质疑相对论的正确性。

    理解相对论的困难之处在于其中的很多物理效应，如尺缩效应、钟慢效应等与我们通常的直觉相抵触。然而现代物理学的发展已经摆脱了对朴素直觉的依赖。在学习和研究物理知识时，我们也需要培养新的物理直觉。如何向普通读者介绍相对论知识，帮助读者理解并掌握这些知识是对科普工作者的一个挑战。

    在本书中，作者对相对论的基本原理的发展、建立进行了全面细致的介绍，其中穿插着不少有趣的历史故事，可读性很强。此外，作者对相对论中重要的物理效应以及佯谬进行了通俗易懂的诠释，有利于读者正确地理解相对论。特别让人欣慰的是，在不失物理正确性的前提下，书中的讨论并未用到高深的数学知识，而只依赖于中学数学的知识。一个有求知欲的读者如果肯多花一点时间对书中的内容进行思考和推敲，完全可以很好地掌握狭义相对论的基础知识。即便对于相对比较困难的关于引力的广义相对论，作者也努力给出了较易理解的物理图像。

　　在此，我向广大读者郑重地推荐此书。

北京大学物理学院教授　陈斌

序言 3

非常高兴看到陈海涛大神关于相对论的科普书问世。对于广大的天文爱好者来说，陈海涛的名字大家可能都不熟悉，不过说到他的网名小醉（littledrunk），会有很多跟我一样的 BBS 时代的天文爱好者知道这个名字。我初次见到小醉是在 2001 年初的一次 BBS 活动上。当时我在北大未名 BBS 上做一个天文讲座，他是北大未名 BBS 的站长，进行这次活动的组织。后来我们经常在水木清华 BBS 和未名 BBS 的天文版上进行热情洋溢的灌水和讨论。小醉表现出很高的天文水平和科学素质，他对问题讨论的认真和专业让我吃惊，可以看出他阅读了大量的天文书籍并进行了深入的思考，是我认识的最为低调、同时又对天文了解最多的非天文专业的爱好者。2001 年 11 月我们在兴隆观测狮子座流星雨，当时在微软亚洲研究院做软件研发工作的小醉提出用 PDA 来记录流星雨，并很快写了一个程序工具来进行记录，显示出他的创新思想和执行力。小醉后来还出任了水木清华 BBS 天文版的版主，多次组织和参加天文爱好者的聚会活动。

2006 年 9 月份，我在水木清华 BBS 天文版为《天文爱好者》杂志上使用矮行星 Eris 的中文名字征求意见，小醉在回帖中首次提出了"阋神星"这一富有文化底蕴的命名，并于 2007 年 6 月被中国天文学会天文学名词审定委员会通过投票正式选用。大家从本书的文字中也可以看到作者多处引经据典，表现出很高的文史修养。

天文学对人类科技进步具有巨大的推动作用。天文观测一开始对历法和农业发展起到指导作用，然后推动了航海的发展和牛顿力学的建立。光速的第一次成功测量来自于天文观测。相对论与天文学的关系密不可分，狭义相对论与广义相对论从诞生到发展和验证都离不开天文学。作者在书中使用中学水平的数学对相对论进行了深入浅出的介绍，同时介绍了很多与相对论相关的天文知识和天文现象，并对其中的一些效应和原理进行了浅显易懂的分析和解释。书中介绍了太阳边缘的星光偏折、引力红移、水星近日点进动、雷达回波延迟等广义相对论的几大天文学实验验证，以及木卫食测光速、光行差、蟹状星云、爱因斯坦行星、回光效应、类星体喷流视超光速、中微子爆发、超新星、引力透镜、黑洞、脉冲星、引力波等天文现象和天文发现，内容精彩生动，引人入胜。书中也讲述了很多有趣的故事，介绍了许多出人意料的科学发现，表明兴趣和努力对于发现的重要性。同时本书还介绍了一些年轻学生的科学贡献，鼓励学生从小开始学科学、爱科学。

　　本书既是关于相对论的科普书，也是一本极好的天文科普书。特此向广大学生和天文爱好者强烈推荐！

北京天文馆馆长、中国天文学会

普及工作委员会主任　朱进

前言

    爱因斯坦的相对论是人类建立的最伟大的理论之一。这一理论好像"光彩夺目的火箭，它在黑暗的夜空，突然划出一道十分强烈的光辉，照亮了广阔的未知领域"（德布罗意语）。狭义相对论的公式简单而美丽，但是却很难理解，因为它改变了人们的常识，改变了人们的时空观念，让人们很难接受。20 世纪初曾有"只有三个半物理学家懂相对论"的说法，诺贝尔奖委员会给爱因斯坦的授奖理由也只是"由于爱因斯坦发现光电效应定律以及他在理论物理学领域的其他工作"而没有直接提及相对论。可见相对论的思想确实惊世骇俗，连很多当时的物理学家也难以接受。但是相对论提出迄今已经一百多年，通过了广泛的实验验证，经受住了时间的考验，它的正确性已经毋庸置疑。狭义相对论的公式是如此的简单，初中生都能看懂，它的理解就这么难吗？观念的改变如此难以逾越吗？

    科学发展到今天，计算机已经从科学家的实验室搬到了普通人的桌面上，互联网已经无处不在。计算机、互联网的普及又推动了社会科技水平的提高。信息极大丰富，人们在生活、资讯中广泛接触科学，从天文、航天到飞机、汽车、家电、电脑、手机，从能源到医疗、投资、娱乐，处处都有科学。但是，相对论还处于科学家们的神坛上，只是科学家的工具。一般文献中对于相对论的介绍充满各种高深的数学和难以理解的概念，这让大众更加望而却步，感到神秘和膜拜。人们对学习和理解相对论失去自信，听到相对论时想到的往往是时空穿越、长生不老等等科幻、神话故事，也出现了很多相关的文学、影视作品。相对论成为人们的一种娱乐题材。还有很多热爱科学的人士，因为不能理解相对论，走上了挑战和反对相对论的道路，耗费了大量的青春和精力。

我在15岁的时候就已经会推导洛伦兹变换公式了，但是却更加困惑。光速为什么不变？垂直于运动方向上的长度为什么不收缩？惯性系变换为什么是线性的？难道就是因为书上这么说吗？一切变得似是而非，尽管会做书上的很多习题，却不能真正理解，只是知其然而不知其所以然。那时候我在家里参加劳动，白天挑担子把肩膀磨破了，晚上衣服跟血肉粘在一起结成痂，撕都撕不下来，疼痛难忍，但是却不忘思考科学的奥秘，乐此不疲。多年以后我成为一名科研人员，在方正、微软、盛大研究院等研究机构工作，虽然从事计算机领域的研发，却一直保持着对相对论的浓厚兴趣。愚者千虑，必有一得，多年断断续续的业余思考和学习，使我积累了不少收获，对相对论的理解和认识更加清晰。我最近有空闲把自己的收获总结整理了出来，在这里与大家一起分享，希望对读者学习和理解相对论有所帮助。

我相信，只需要高中生的基础知识就完全可以理解相对论，一些优秀的初中生也有能力理解。因此本书基本在初等数学的范围内进行介绍，尽量不涉及高等数学。同时为了更多的人能够看懂，本书内容的线索不同于其他常见的相对论讲述方式，并不介绍以太论、迈克尔逊-莫雷实验、闵可夫斯基空间以及黎曼几何、测地线等内容或概念，以免增加复杂性和理解上的困扰。另外，很多人误认为迈克尔逊-莫雷实验是狭义相对论的基础，但是在相对论出现以前斐兹杰惹和洛伦兹已经在以太论的基础上对迈克尔逊-莫雷实验的结果给出了解释，因此迈克尔逊-莫雷实验既不支持也不反对相对论。1954年爱因斯坦在给达文波特的信中说："在我自己的思想发展中，迈克尔逊实验的结果并没有引起很大的影响。我甚至记不起，在我写关于这个题目的第一篇论文时，究竟是不是知道它。"

本书中有一些数学公式推导。有些读者是不喜欢数学公式的，但是本书所用到的数学都比较浅，只需要付出一点点耐心，就会得到很大的收获。同时本书尽量把公式较密集，计算和推导比较复杂的部分放到了附录中，以适应不同层次的读者。另外书中用了很多图形来进行说明，即使不看公式推导，也能很容易理解大部分内容。相对论的初等理解不需要复杂的数学，其基本公式只需要用到勾股定理。勾股定理以其简单、重要和美妙而充满魅力，其证明方法有 500 多种，是数学定理中证明方法最多的定理。下图是一个简单直观的割补法证明，无须任何公式

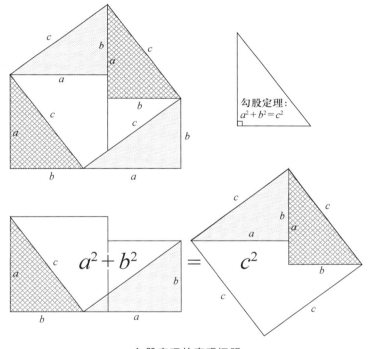

勾股定理的直观证明

推导，一看便知。如此深刻而基础的定理却有如此简洁精彩的证明，给人以强烈触动，同时也给人以信心：科学并不必然是高深莫测的，只要有正确的方法，普通人也可以弄明白。

小　醉

2017 年春于北京

目　　录

第一章　子非鱼思想

　　理解相对论的关键在于换位思考，就是要理解不同观察者对同一事物的观察结果是有差别的，我们把它叫作子非鱼思想。

　　《庄子·秋水》中有一段很有意思的对话：庄子与惠子游于濠梁之上。庄子曰："鲦鱼出游从容，是鱼之乐也。"惠子曰："子非鱼，安知鱼之乐？"庄子曰："子非我，安知我不知鱼之乐？"惠子曰："我非子，固不知子矣；子固非鱼也，子之不知鱼之乐，全矣。"庄子曰："请循其本。子曰'汝安知鱼乐'云者，既已知吾知之而问我。我知之濠上也。"这段话的大意是：庄子和惠施在濠水的一座桥上散步。庄子看着水里的鲦鱼说："鲦鱼在水里游得从容自在，它们真是快乐啊。"惠子说："你又不是鱼，怎么会知道鱼的快乐呢？"庄子说："你不是我，怎么知道我不知道鱼的快乐呢？"惠子说："我不是你，所以不知道你；但你也不是鱼，因此你也无法知道鱼是不是快乐。"庄子说："请回到我们开头的话题。你问'你怎么知道鱼快乐'这句话，这就表示你已经肯定了我知道鱼快不快乐。我是在濠水的桥上知道的。"

　　这就是著名的濠梁之辩。惠子的推理体现了严密的逻辑思维，而庄子则在无可辩驳之处灵活巧妙地转换了话题，飘然而过，体现了逍遥游的自由境界，这段对话历来为人们所津津乐道。

　　这场辩论看起来是庄子赢了，但是这种胜利使得古人对事物的探究

陷入所谓文字的智慧和哲学的思辨，而失去了科学的精神。蔡元培说
过："我国从前无所谓科学，无所谓美术，惟用哲学以推测一切事物，
往往各家玄想独断。"这种思辨和争论没有科学的标准，只要双方愿意，
可以一直继续辩论下去，往往是后息者为胜，能言善辩者具有优势。

图 1-1　子非鱼

　　如果庄子和惠子换一种说话的方式，就不会发生争论，皆大欢喜
了："你看那些鱼儿，我觉得它们游得好快乐啊！你觉得呢？""我觉得
它们游得有些忧伤。""那是你自己有些忧伤吧，哈哈！"陈述观察状态
的时候加上观察者是客观、尊重别人的做法，因为别人的观察结果未必
和你一样，把个人的观点强加于别人是对别人的不尊重。要是人人都能
独立思考，尊重理解对方，不把个人意愿强加于别人，那么世界上会减
少很多的矛盾与冲突！

　　母亲为女儿的假期报满了辅导班，女儿生气地说："为什么你说什
么就是什么？也不问一下我的意见！"我们的老师和家长担心孩子走弯

路、犯错误，往往代替孩子思考，把自己认为正确的东西强加于孩子，让孩子接受。这对孩子是一种不尊重，同时扼杀了孩子独立思考的机会，很自然地会招来反抗。没有人是可以代替别人思考的，你认为正确的经验对别人不一定是正确的或者合适的，即使对别人是正确的你也不能左右对方是否接受。

莎士比亚说过：一千个读者就有一千个哈姆雷特。对于同一个事物，不同的观察者由于观察的角度不同，完全有可能得到不同的观察结果。"横看成岭侧成峰，远近高低各不同。不识庐山真面目，只缘身在此山中。"苏轼《题西林壁》一诗表明由于人的观察角度局限，对事物的认识具有片面性。即使是同一个人的两只眼睛，同时看到的图像也是有区别的。如果有人把自己的观察结果或者推断当作是绝对的，进而想要其他人接受，那么就可能会发生冲突。有一幅著名的"青蛙与马"图画（见图1-2），两个人从相差90度的不同角度观察，一个人看到的是青蛙，而另一个人看到的则是马。如果这两个人都不肯改变观察的角度，坚持认为自己看到的是对的，那么谁也说服不了谁，都成了不识庐山真面目的山中人。我们要学会换位思考，换一个角度看问题，才能够全面、正确地获得知识。

图 1-2 青蛙与马

不同观察者的经验存在差别，在承认差别的基础上才能建立共同的知识。爱因斯坦在《相对论的意义》中有一段话说道："各人在一定的程度上能用语言来比较彼此的经验。于是就出现各个人的某些感觉是彼此一致的，而对于另一些感觉，却不能建立起这样的一致性。我们惯于把各人共同的，因而多少是非个人特有的感觉当作真实的感觉。自然科学，特别是其中最基本的物理学，就是研究这样的感觉。"

有很多例子可以用来说明不同观察者之间或者相对不同参考物的观察结果之间存在差异。

乞力马扎罗山是非洲最高的山脉，位于赤道以南 300 多千米。如果问乞力马扎罗山位于赤道的左边还是右边，那么不同的人就会有不同的答案。站在赤道上，面朝东方的人会说在右边，面朝西方的人会说在左边。如果不确定观察者的具体朝向，就无法回答这个问题。

飞机投弹时，飞机上的飞行员看到航弹直线向下降落，地面上的观察者看到的航弹却是沿着一条抛物线落下（见图 1-3）。可见不同观察者对同一运动目标观察结果的描述差别会很大。如果不指明观察者或者参考系而单纯地描述运动是没有意义的。

图 1-3　落弹路线

一列火车以每小时 150 千米的速度离开地面观察者远去，火车上的喇叭在播放一首 A 大调音乐（主音频率 440 Hz），地面上的观察者听到的音乐频率却变低了，变成了一首 G 大调音乐（主音频率 392 Hz）（见图 1-4）。这种声源运动时频率发生变化的现象叫多普勒效应。

图 1-4　多普勒效应

　　人类已经发射了多个探测器登陆到火星上。2012 年 8 月，美国宇航局（NASA）发射的火星科学实验室好奇号探测器成功降落火星（"好奇号"名称是由当时读小学 6 年级的 12 岁华裔女生马天琪所起）。好奇号发现火星土壤含有丰富水分，显示火星有足够的水资源供给未来移民使用。火星是人类外星移民的首选地点。NASA 计划 2030 年执行载人登陆火星任务。美国女孩卡森从 4 岁开始被美国宇航局选中接受系统的宇航员培训，可能将成为人类历史上首位踏上火星的宇航员。如果地球上的科学家 A 和火星上的宇航员 B 通过望远镜互相观测对方（见图 1-5 及彩插），他们的时钟事先已经校准好了，假设他们都能够看得清对方的时钟，就会发现对方的钟比自己的钟慢了。火星与地球最近距离约 5460 万千米，在最近距离处光线在火星与地球之间传播约需要经过 3 分钟。A 觉得 B 的钟比自己的钟慢了 3 分钟；B 觉得 A 的钟比自己的钟慢了 3 分钟。如果 A 坚持自己的钟是准确的而强制要求 B 把钟拨前 3 分钟，那么 B 观察 A 的钟会慢了 6 分钟，两人不可能真正对准。因此双方只能使用各自的时钟，并且接受对方的时钟与自己的时钟不一样。

　　我们都知道速度相加的法则。一艘轮船相对岸上静止的观察者 A 以速度 v_1 前进，轮船上的跑步者 C 相对船尾静止的观察者 B 以速度 v_2 从船尾跑向船头，那么岸上的观察者 A 看到跑步者 C 的速度为 $v = v_1 + v_2$（见图 1-6），这一点看起来好像毫无疑问，我们似乎已经习以为常。

　　速度相加法则来源于距离相加，如果经过一段长度为 t 的时间，B 相对 A 运动的距离是 s_1，C 相对 B 运动的距离是 s_2，那么 C 相对 A 运动的距离就是 $s_1 + s_2$，除以时间 t，就得到速度相加公式。

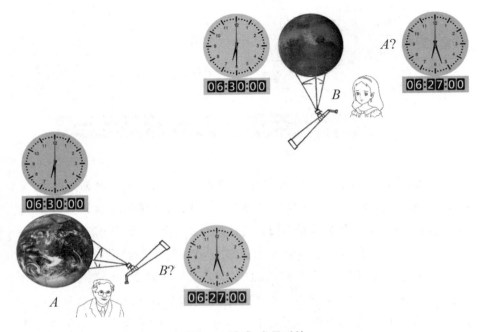

图 1-5　地球-火星对钟

图 1-6　速度相加？

　　用子非鱼思想来看，就会发现这一法则似乎有一点小问题。根据子非鱼思想，观察者 B 和 A 的观察结果不一定相同。B 观察到 C 相对 B 的距离是 s_2，A 观察到这一距离也是 s_2 吗？A 观察到一个过程经历的时间是 t，B 观察到这一过程经历的时间也是 t 吗？观察者 B 和 A 的观察结果是否真的不同，不同观察者观察的速度究竟是否能够直接相加，我们这里先存下疑问，到后面再研究这个问题。

子非鱼思想是一种思考问题的观念和方法，它不是一条物理学原理，但是它有助于我们树立正确的认识事物的态度，避免人们把自己片面的观察认识当作全部真理，有助于正确理解相对论。

第二章　相对性原理

狭义相对论的一个重要基础是狭义相对性原理。狭义相对性原理是从伽利略相对性原理发展而来，二者都是相对性原理在不同范围内的表述。相对性原理是物理学最基本的原理之一。按照这个原理，所有的自然定律在所有的惯性系中都是一样的。由此我们才能得到这个世界统一的物理图像。

§2-1　惯性参考系

（1）参考系。

世界是由物质组成的，所有的物质都处于运动之中。描述物体的运动必须是相对于某些参考物而言的。研究物体运动时所选定的参考物就称作参考系或参照系。一般假定用来做参考系的物体都是不动的，被研究的物体是运动还是静止，都是相对于参考系而言的。

为了对运动进行度量，参考系常常附加上一个坐标系，一般常用笛卡尔直角坐标系(x, y, z)，也可用球坐标系、极坐标系等其他坐标系，地理上常用的经纬度也是一种坐标系。

（2）惯性系。

参考系选取的不同，对运动的描述，或者说运动方程的形式也随之不同。在有些参考系中，不受力的物体会保持静止或匀速直线运动的状态，这样的参考系其时间是均匀流逝的，空间是均匀和各向同性的。在这样的参考系内，描述运动的方程有着最简单的形式。这样的参考系就是惯性参考系，也称为惯性参照系或惯性系。

朗道（见图 2-1）在《场论》一书中给出如下定义："有这样一些参考系统，在其中，一个自由运动物体，即一个无外力作用于其上的运动物体，是以等速度行进的，这种参考系统叫做惯性系统。"

图 2-1　朗道（1908—1968）

和一个惯性系保持相对静止或者匀速直线运动状态的参考系也是惯性系。若参考系 K' 相对于惯性系 K 做匀速直线运动，那么任何相对 K 保持静止或者匀速直线运动状态的物体，相对于 K' 也是保持匀速直线运动或者静止状态，因此 K' 也是惯性系。

两个惯性系相互之间必然保持相对静止或者匀速直线运动状态。若参考系 K' 相对于惯性系 K 做变速运动，那么不受力物体相对于 K 保持静止或者匀速直线运动状态，相对于 K' 则是做变速运动，因此 K' 必然不是惯性系。

惯性系是不存在引力作用，不存在自身加速度的"自由"参考系。在宇宙中，由于处处存在着引力，而且引力场的分布是不均匀的，因此完全的惯性系只是一种理想情况，现实中只在一定的精度下存在着近似的局部惯性系。一艘在宇宙空间中无动力自由飞行且没有自转的飞船，在飞船附近的自由物体将以很高的精确度相对飞船做匀速直线运动。在研究飞船附近的物体运动时，以飞船作为参考物的参考系可以看作一个非常好的近似惯性系。

惯性定律或者牛顿第一定律表明：一切物体总保持匀速直线运动状态或静止状态，直到有外力迫使它改变这种状态为止。因此，惯性定律成立的参考系就是惯性系，惯性定律也只有在惯性系中才能成立。惯性是物体保持原有运动状态的性质。物体的这个性质好像人的惰性习惯，总是保持原有的行为方式，习以为常，难以改变，在英文中惯性和惰性使用的是同一个单词(inertia)，这也是惯性及惯性系名称的由来。

§2-2　伽利略相对性原理

16 世纪的欧洲发生过一场激烈的论战，支持亚里士多德-托勒密地静说(地心说)的一派和支持哥白尼地动说(日心说)的一派吵得不可开交。这场论战持续了大半个世纪，直到开普勒发现行星运动三大定律，对行星的运动进行了符合观测的定量描述(见附录 5)，地动说才取得了胜利，被人们广泛接受。

在论战中，地静说有一条强有力的反对地动说的理由：如果真的是地球绕日运行，那么地球的运行速度会很高，为什么在地面的人们对地球的高速运动一点也感觉不出来呢？这是地动说不能回避而必须解答的问题。

1632 年，伽利略(见图 2-2)出版了《关于托勒密和哥白尼两大世界体系的对话》一书，以对话的形式论证了哥白尼地动说的正确性。书中地动派的萨尔维阿蒂(伽利略自己的化身)有一段话对上述问题做了一个完整的解答。这一段话举世闻名，被广泛地流传。他说："把你和一些朋友关在一条大船甲板下的主舱里，再让你们带几只苍蝇、蝴蝶和其他小飞虫。舱内放一只大水碗，其中放几条鱼。然后，挂上一个水瓶，让水一滴一滴地滴到下面的一个宽口罐里。船停着不动时，你留神观察，小虫都以等速向舱内各方面飞行，鱼向各个方向随便游动，水滴滴进下面的罐子中。你把任何东西扔给你的朋友时，只要距离相等，向这一方向不必比另一方向用更多的力。你双脚齐跳，无论向哪个方向跳过的距离都相等。当你仔细地观察这些事情后（虽然当船停止时，事情无疑一定是这样发生的），再使船以任何速度前进，只要速度是匀速的，也不忽左忽右地摆动。你将发现，所有上述现象丝毫没有变化，你也无法从其中任何一个现象来确定，船是在运动还是停着不动。即使船运动得相当快，在跳跃时，你将和以前一样，在船底板上跳过相同的距离，你跳向船尾也不会比跳向船头来的远，虽然你跳到空中时，脚下的船底板向着你跳的相反方向移动。你把不论什么东西扔给你的同伴时，不论他是在船头还是在船尾，只要你自己站在对面，你也并不需要用更多的力。水滴将像先前一样，滴进下面的罐子，一滴也不会滴向船尾，虽然水滴在空中时，船已行驶了许多拃。鱼在水中游向水碗前部所用的力，不比游向水碗后部来得大，它们一样悠闲地游向放在水碗边缘任何地方的食饵。最后，蝴蝶和苍蝇将继续随便地到处飞行，它们也决不会向船尾集中，并不因为它们可能长时间留在空中，脱离了船的运动，为赶上船的

图 2-2　伽利略（1564—1642）

运动显出累的样子。如果点香冒烟，则将看到烟像一朵云一样向上升起，不向任何一边移动。所有这些一致的现象，其原因在于船的运动是船上一切事物所共有的，也是空气所共有的。"（见图 2-3）

图 2-3　萨尔维阿蒂的大船

　　这段论述给出了一条重要的结论，那就是：在封闭的船舱里发生的任何力学现象，都不能确定船是在运动还是停着不动。现在称这个论断为伽利略相对性原理或者力学相对性原理。用现代的语言来讲，萨尔维阿蒂（匀速运动而不忽左忽右地摆动）的大船就是一个惯性参考系，伽利略相对性原理的现代表述就是：力学定律在一切惯性参考系中具有相同的形式，任何力学实验都不能区分静止和匀速运动的惯性参考系。或者说：力学定律对一切惯性系都是等价的。

　　关于运动及其相对性，中国古代很早就有研究了，在古人的文献中有一些描述。公元前 400 多年的《墨经》中讲到："动，域徙也"，"止，域久也"，"宇域徙，说在长宇久"，表明运动是物体在空间中的位置移动，静止是物体在一个位置上处一段时间，物体的运动，与一定长的时间和一定大的空间密不可分。东汉成书的《尚书纬·考灵曜》中谈到地球的运动时说道："地恒动不止，而人不知。譬如人在大舟中，闭牖（yǒu，窗户）而坐，舟行而人不觉也。"（见图 2-4）意思是说：大地永远在运动不停，而人却不知道，就好像人坐在关闭窗户的大船中，船在行驶但是人却不察觉。人在船中随着船一起运动，人与船之间相对静止，如果看不到窗外参考物，根本不知道船是在行驶还是停止不动。这段描述与伽利略的论述极其相似，简直就是中国版的伽利略相对性原理，但是它的提出比伽利略早了 1500 多年。"地恒动不止"的说法也早于西方的地动说。有人提出，把伽利略相对性原理称作"舟行不觉原理"更为恰当，这有一定道理，从字面上看也更加贴切，易于理解。

图 2-4　考灵曜之舟（舟行不觉原理）

§2-3　狭义相对性原理

伽利略相对性原理是经典力学的基本原理。由于电动力学和光学的发展，人们发现仅用经典力学描述自然现象是不充分的。那么在其他物理学领域，伽利略相对性原理是否仍然正确呢？

1831 年，英国科学家法拉第（见图 2-5）在经过 10 年的艰苦实验研究，历经了无数次的实验失败后，发现了电磁感应现象。在电磁学中，导体相对磁体运动会在导体中产生动生电动势，磁体相对导体运动会在导体中产生感生电动势。如果导体和磁体相对运动的速度不变，那么这两种电动势的大小是相等的。这种导体和磁体相对运动的等价性表明电磁学也一样符合相对性原理。

图 2-5　法拉第（1791—1867）

　　法拉第只上过两年小学，依靠自学成才，做出了电动机、发电机等一系列重大发明和发现，建立了电磁学的基础。美国科学家萨莫斯评价他"在物理学的全部历史中最全能的实验物理学家却是一个仅受过初等教育的人……他，就是法拉第"。爱因斯坦（见图 2-6）在他的书房墙壁上就挂着法拉第的一张照片，并将其与牛顿和麦克斯韦的照片放在一起。当法拉第在演示他的电磁感应现象时，一位贵妇曾问道："您的电流计指针动一下有什么意义呢？"法拉第回答道："夫人，当一个婴孩诞生的时候，您会想到他将会完成何等事业吗？"就是法拉第的这个"婴孩"，带领人类进入了电的时代。法拉第的电磁感应定律，使人类认识到的物质运动扩展到了一个新的层次。

　　爱因斯坦把伽利略相对性原理从力学领域推广到包括电磁学在内的整个物理学领域，认为相对性原理是一个普遍性的原理，在整个物理学领域仍然适用，并在相对性原理基础上发展出狭义相对论理论。推广后的伽利略相对性原理被称为狭义相对性原理，又叫爱因斯坦相对性原理。

图 2-6　爱因斯坦（1879—1955）

　　这一思想最早是由法国数学家庞加莱（见图 2-7）于 1902 年提出的。庞加莱认为："根据相对性原理，对于静止的观察者就像对于做匀速运动的观察者一样，物理现象的定律必然是相同的。因此，我们没有而且也不可能有任何办法辨别我们是否做匀速运动。"庞加莱最早提出相对性原理应当作为自然界的普适原理之一，因此狭义相对性原理也叫庞加莱相对性原理。庞加莱还提出："也许，我们应该建立一个全新的力学，在这个力学中，惯性将随着速度而增大，而光速将变成不可逾越的极限。"庞加莱已经走到了狭义相对论的门口，但是由于他始终不肯放弃以太的存在，最终遗憾地与狭义相对论擦肩而过。

　　庞加莱在 1905 年，早于爱因斯坦之前十多年，就猜测可能存在以光速传播的引力波。这位大师在很多方面具有超越时代的预见性。庞加莱在去世前不久，应苏黎世工业大学邀请，对爱因斯坦申请教授职位发表了意见，他说："爱因斯坦先生是我所知道的最有创造思想的人之一，尽管他还很年轻，但已经在当代第一流的科学家中享有崇高的地位……不过，我想说，并不是他的所有期待都在实验可能的时候经得住检验。相反，因为他在不同方向上的摸索，我们应该想到，他所走的路大多是死胡同。不过，我们也应该同时希望，他所指出的方向中能有一个是正

图 2-7　庞加莱（1854—1912）

确的，这就足够了。"然而，科学的发展表明，历史与庞加莱这位天才的大师开了一个玩笑，爱因斯坦在 1905 年指出的所有方向全都是正确的！

狭义相对性原理的具体表述为：物理定律在一切惯性参考系中具有相同的形式，任何物理实验都不能区分静止和匀速运动的惯性参考系。或者说：物理定律对一切惯性系都是等价的。

反过来，对于惯性系而言，狭义相对性原理表明：一切惯性系在物理上是完全等价的，没有任何区别。

爱因斯坦在《狭义与广义相对论浅说》中给出了支持狭义相对性原理正确性的两个依据："有两个普遍事实在一开始就给予相对性原理的正确性以很有力的支持。"

首先："因为经典力学对天体的实际运动的描述，所达到的精确度简直是惊人的。因此，在力学的领域中应用相对性原理必然达到很高的准确度。一个具有如此广泛的普遍性的原理，在物理现象的一个领域中的有效性具有这样高的准确度，而在另一个领域中居然会无效，这从先验的观点来看是不大可能的。"

其次：如果狭义相对性原理不成立，那么彼此做相对匀速运动的惯性系对于描述自然现象就不是等效的。"我们就应该预料到，地球在任一时刻的运动方向将会在自然界定律中表现出来，而且物理系统的行为将与其相对于地球的空间取向有关。""但是，最仔细的观察也从来没有显示出地球物理空间的这种各向异性（即不同方向的物理不等效性）。这是一个支持相对性原理的十分强有力的论据。"

第三章　绝对时空观

　　绝对时空观认为时间和空间是独立的，相互之间没有联系，时间和空间都是绝对的。绝对空间永远不动，其位置和大小的度量与任何运动状态的观察者都无关。你看，或者不看，它都在那里，不增不减！与一切事物无关的绝对时间以永恒不变的速度均匀流逝。你停，或者不停，它都在流逝，不急不缓！绝对时空观源于地静说时代的思想，大地静止不动，时间稳恒流逝。哥白尼的地动说推翻了地静说，然而牛顿对绝对时空观进行了系统的整理和表述，反而将绝对时空观进一步发扬光大。绝对时空观符合人们对可感知的低速运动（远低于光速的运动）的观察，在绝对时空观基础上建立的经典牛顿力学，到现在都还发挥着巨大的作用。

§3-1　牛顿对绝对时空观的表述

　　绝对时空观首先由牛顿（见图 3-1）明确提出，牛顿在他的著作《自然哲学的数学原理》一书中，对绝对时间和绝对空间做了明确的表述，因此绝对时空观又叫作牛顿时空观。

　　关于"绝对空间"，牛顿说："绝对的空间，就其本性而言，是和外界任何事物无关，而永远相同的和不动的。"

"相对空间是一些可以在绝对空间中运动的部分，或是对绝对空间的量度，我们通过它与物体的相对位置感知它。"

　　关于"绝对时间"，牛顿说："绝对的、真正的和数学的时间自身在流逝着，并且由于它的本性而均匀地，同任何一种外界事物无关地流逝着。"

　　"相对的、表象的和普通的时间是可感知的和外在的（不论是精确的还是不均匀的）对运动之延续的量度，它常被用以代替真实时间。"

　　牛顿从绝对时空的假设出发，进一步定义了"绝对运动"和"绝对静止"的概念。"绝对运动是一个物体从某一绝对的处所向另一绝对的处所的移动"；"真正的、绝对的静止，是指这一物体继续保持在不动的空间中的同一个部分而不动。"

　　在绝对时空观的基础上，牛顿发展出了著名的牛顿三大运动定律和万有引力定律，建立了伟大的牛顿力学。

图 3-1　牛顿（1643—1727）

§3-2　伽利略变换

　　在牛顿的绝对时空观里，只有一个绝对静止的参考系，那就是绝对空间，所有惯性系都相对绝对空间做匀速运动，是绝对空间中运动的部分。时间和空间是独立的，二者之间没有联系，都具有绝对性。任意两个事件的时间间隔与惯性系的选择无关，空间任意两点的距离也与惯性系的选择无关。

假设两个惯性系 K' 与 K 分别具有坐标系 $O'x'y'z'$ 与 $Oxyz$（见图 3-2），K' 系以速度 v 沿着 K 系的坐标轴 x 正方向运动，在 $t=0$ 时刻 x'，y'，z' 坐标轴分别与 x，y，z 坐标轴重合，K' 系中也以原点重合时刻作为时间零点。

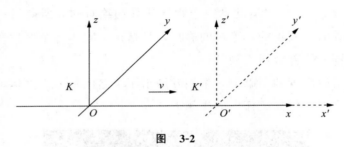

图　3-2

在 K 系中，一个事件在时刻 t 发生于 (x, y, z) 位置，在 K' 系中观察到该事件是在时刻 t' 发生于 (x', y', z') 位置。因为时间间隔与距离间隔与惯性系选择无关，那么

$$\begin{cases} t' - 0 = t - 0, \\ x' - 0 = x - vt, \\ y' - 0 = y - 0, \\ z' - 0 = z - 0, \end{cases}$$

于是

$$\begin{cases} x' = x - vt, \\ y' = y, \\ z' = z, \\ t' = t。 \end{cases} \tag{3.1}$$

这就是两个惯性系之间的伽利略变换。

很容易得到伽利略变换的逆变换是

$$\begin{cases} x = x' + vt', \\ y = y', \\ z = z', \\ t = t'. \end{cases} \tag{3.2}$$

与伽利略变换相比，逆变换相当于速度 v 变成了 $-v$，这是因为 K 相对 K' 向 x' 轴反方向运动。

伽利略变换是绝对时空观的数学表述，是绝对时空观下惯性系的时空坐标变换。

3-2-1 伽利略变换体现的时空特性

假设有两个事件，在 K 系中分别于 t_1 和 t_2 时刻发生在位置（x_1，y_1，z_1）和（x_2，y_2，z_2）处，在 K' 系中观察到的时间和位置分别是 t_1'，t_2' 和（x_1'，y_1'，z_1'），（x_2'，y_2'，z_2'），根据伽利略变换可得：

（1）若 $t_2 = t_1$，则 $t_2' = t_1'$，表明如果两个事件在一个惯性系中观察到是同时发生的，那么在另一个惯性系中观察也是同时发生的。也就是说，同时性是绝对的。

（2）若 $t_2 = t_1$，则 $t_2' = t_1'$，$x_2' - x_1' = x_2 - x_1$，$y_2' - y_1' = y_2 - y_1$，$z_2' - z_1' = z_2 - z_1$，那么

$$\sqrt{(x_2' - x_1')^2 + (y_2' - y_1')^2 + (z_2' - z_1')^2}$$
$$= \sqrt{(x_2 - x_1)^2 + (y_2 - y_1)^2 + (z_2 - z_1)^2}. \tag{3.3}$$

表明在不同的惯性系中，同时发生的两个事件的空间距离是不变的。也就是说，空间具有绝对性。那么在不同的惯性系中，测量同一物体的长度也是不变的。

（3）无论何种情况，都有

$$t_2' - t_1' = t_2 - t_1. \tag{3.4}$$

这表明在不同的惯性系中，两个事件的时间间隔是不变的。也就是说，时间具有绝对性。

这些时空特性是绝对时空本身所具有的，只是以数学形式体现了出来。因为伽利略变换就是由绝对时空观而来的。

3-2-2 速度相加公式

假设一个物体在 K' 系中沿 x' 轴向 x' 正方向运动,从时刻 t_1' 的 x_1' 位置运动到时刻 t_2' 的 x_2' 位置,那么它在 K' 系中的运动速度是

$$u' = \frac{x_2' - x_1'}{t_2' - t_1'}。$$

在 K 系中观察该物体则是从时刻 t_1 的位置 x_1 运动到时刻 t_2 的位置 x_2,那么

$$t_1 = t_1',$$
$$t_2 = t_2',$$
$$x_1 = x_1' + vt_1',$$
$$x_2 = x_2' + vt_2'。$$

该物体在 K 系中的运动速度是

$$u = \frac{x_2 - x_1}{t_2 - t_1} = \frac{(x_2' + vt_2') - (x_1' + vt_1')}{t_2' - t_1'}$$
$$= \frac{(x_2' - x_1') + v(t_2' - t_1')}{t_2' - t_1'} = u' + v,$$

即

$$u = u' + v。 \tag{3.5}$$

这就是绝对时空中的速度相加公式。

反过来,

$$u' = u - v。 \tag{3.6}$$

该运动物体相对 K 系与 K' 系运动方向相同,相对 K' 系与 K 系运动方向相反,所以是同向相加,反向相减。

速度相加公式是速度合成的经典规律。

3-2-3 伽利略变换符合力学相对性原理

假设物体在惯性系 K 中运动速度为 $\boldsymbol{u} = (u_x, u_y, u_z)$,加速度为 $\boldsymbol{a} = (a_x, a_y, a_z)$;在惯性系 K' 中运动速度为 $\boldsymbol{u'} = (u_x', u_y', u_z')$,加速度为 $\boldsymbol{a'} = (a_x', a_y', a_z')$,那么

$$\begin{cases} u_x = \Delta x/\Delta t\,, \\ u_y = \Delta y/\Delta t\,, \\ u_z = \Delta z/\Delta t\,, \end{cases} \quad \begin{cases} u'_x = \Delta x'/\Delta t'\,, \\ u'_y = \Delta y'/\Delta t'\,, \\ u'_z = \Delta z'/\Delta t'\,, \end{cases}$$

$$\begin{cases} a_x = \Delta u_x/\Delta t\,, \\ a_y = \Delta u_y/\Delta t\,, \\ a_z = \Delta u_z/\Delta t\,, \end{cases} \quad \begin{cases} a'_x = \Delta u'_x/\Delta t'\,, \\ a'_y = \Delta u'_y/\Delta t'\,, \\ a'_z = \Delta u'_z/\Delta t'\,. \end{cases}$$

根据伽利略变换公式

$$\begin{cases} x' = x - vt\,, \\ y' = y\,, \\ z' = z\,, \\ t' = t\,, \end{cases}$$

可以得到

$$\begin{cases} u'_x = u_x - v\,, \\ u'_y = u_y\,, \\ u'_z = u_z\,, \end{cases} \quad 及 \quad \begin{cases} a'_x = a_x\,, \\ a'_y = a_y\,, \\ a'_z = a_z\,, \end{cases}$$

即

$$\boldsymbol{a}' = \boldsymbol{a}\,.$$

这就是说在 K 和 K' 中物体运动的加速度是一样的。在牛顿力学中，这意味着在 K 和 K' 中表述的力学规律是一样的。这表明伽利略变换符合力学相对性原理(或伽利略相对性原理)。

第四章　光速不变原理

　　狭义相对论的另一个基础是光速不变原理。光速不变原理，在狭义相对论中，指的是无论在何种惯性参考系中观察，光在真空中的传播速度都是一个常数，不随光源和观察者所在参考系的相对运动而改变。这个常数的精确数值是 299 792 458 米/秒，约为 30 万千米/秒。光速不变原理是由狭义相对性原理和电磁学理论保证的。

§4-1　光速的测量

　　光速有限还是无限？在伽利略之前，人们认为光的传播是瞬时进行的，宇宙中恒星发出的光都是瞬间到达地面，不需要时间，也就是说光速是无限大的。这是符合人们常识的：当太阳升起或者灯点亮的时候，人们看到光照射到的所有地方都同时亮起来，无法区分哪一个地方先亮，哪一个地方后亮；人眼瞬间看到光亮，似乎光线到达人的眼睛无须消耗时间。古代的学者，包括不承认瞬时作用原理的亚里士多德都认为光传播是不需要时间的，发现行星运动三大定律的开普勒和解析几何之父笛卡尔也都认为光速是无限大的。这是因为光速实在是太快了，远远超出了人的感知能力范围。

　　无限大的信号传播速度其实也是很难理解的。如果一个信号的传播速度是无限大，那么这个信号在某一个时刻究竟在什么位置呢？下一时刻又在哪儿呢？如果它在每一个时刻都有具体的位置，那么它就有确定的速度。无限大的速度似乎说明了这个信号在任一时刻没有具体的位置，或者说这个信号同一时刻同时位于它经过的所有位置。这样就容易陷入不可知论或者神学。在古代，人们往往把不能够理解的现象归因于超自然现象或神而不敢去质疑，只有敢于质疑的人才能够拨开迷雾，发现真理。

4-1-1 伽利略测光速

第一个对光速无限提出质疑的勇士是伽利略。伽利略并没有迷信权威的意见，他对光的传播速度进行了深入的思考和细致的观察，并设计了实验来进行测量和验证。他仔细观察了闪电的亮光在云间传播的现象，发现亮光先出现在闪电的中心，然后逐渐传播到远处，因此他认为光速是有限的。"我们看到这种光亮的开始——可以说是它的头和源——是位于云中的一个特别的地方；但它立刻扩展到周围的云中，这似乎显示传播至少是需要时间的；如果照明是即时的而不是逐步的，我们就不能够区分它的起源——它的中心与边远部分。"（《关于两门新科学的对话》）

1607 年，伽利略设计了一个掩灯方案进行了世界上第一次测量光速的尝试（见图 4-1）。方法是：让两个观测者分别站到相距 1 英里（约1.6 千米）的两座山上，手里各提一盏带遮罩的灯。第一个观测者打开遮罩，发出灯光。第二个观测者看到第一个观测者的灯光后，立即打开他手里的灯的遮罩。第一个观测者看到第二个观测者的灯光后，记下从他自己开灯到观测到对方灯光的时间差，就是光在两人之间往返一个来回所需要的时间。这个实验失败了，伽利略无法确定光是否是瞬时出现（不需要时间）的，"结果我未能确定地弄清楚对方传来的光是不是即时返回"。

图 4-1　伽利略测光速

　　伽利略测光速失败的原因是光速实在是太大了，现在知道光速约为 30 万千米/秒，从一个山头到达另一个山头的时间约是 5 微秒（5×10^{-6} 秒），而人的反应时间最快也才 0.1 秒，当时的时钟计时精度也远远不够。

　　有意思的是，伽利略判断光速有限的推理其实是错误的。他对闪电的观察确实细致入微，观察到了人们不曾注意到的现象，他的光速有限的结论也是正确的，但是现象并不能得出结论，因为人眼不可能感受到光在云中的传播时间。云层的高度是有限的，最高到达对流层顶部，约 7～18 千米，依纬度高低有所不同，在中纬度地区平均 10 千米左右。由于云层高度的限制，人们能够看到的云层范围不超过数百千米（见图 4-2），在北京不能看到武汉上空的云。那么按照光速每秒钟 30 万千米的速度，穿越整个可见云层不超过几个毫秒，人眼完全不能区分这个时间差异。我们能够区分闪电的中心与边远部分是因为光的强度按照距离平方反比衰减，造成闪电的中心比远处亮。当明暗画面同时出现时，人眼会先感受到亮度变化大的部分，然后再感受到亮度变化小的部分，这是一种视觉心理错觉。伽利略观察到的就是这种错觉：夜空突然变亮，人眼先注意到最亮的闪电中心，然后才注意到较暗的远处。伽利略使用错误的推理得到一个正确的结论——光速有限，这实在是一个有趣的巧合。

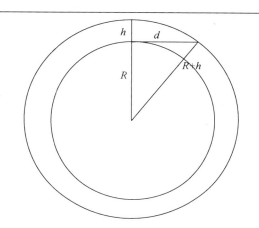

地球平均半径 $R \approx 6370$ 千米，设云层高度 $h = 10$ 千米．人在地面上看到云层的最远距离 d 可以由如下公式算出：

$$d^2 = (R+h)^2 - R^2 = h(2R + h),$$

得到 $d \approx 357$ 千米．现在长远距离的闪电监测仪量程可达 360 千米．

图 4-2　可见云层距离

视觉心理错觉的演示：把下面一段计算机代码保存为 test.html 文件，在支持 html5 的电脑浏览器（如 Chrome）中打开，可以看到先出现一幅黑色图像，然后迅速切换到一幅由白到黑渐变的图像．虽然由黑色图像到渐变色图像的切换是瞬时的，但是由于人的视觉心理错觉，人眼会先注意到最亮的白色部分，然后才注意到渐变色部分，感觉到一种由白向黑扩散的动态效果．似乎亮部先出现，暗部后出现，而它们实际上是同时出现的．仔细观察闪电发生的过程，就会看到这种光亮传播的错觉效果（见图 4-3）。

```
<html>
<body>
<canvas id = " canvas" width = " 800" height = " 600" >not support</canvas>
<script type = " text/javascript" >
    var canvas = document. getElementById("canvas");
    var context = canvas. getContext(´2d´);
    var w = 800;
```

```
var h = 600;

var n = 0;

var g1 = context.createLinearGradient(0, 0, w, 0);

g1.addColorStop(0, ´rgb(255, 255, 255)´);

g1.addColorStop(1, ´rgb(0, 0, 0)´);

function draw () {

    context.save ();

    if(n + + % 2) {

        context.fillStyle = g1;

    } else {

        context.fillStyle = " 000000";

    }

    context.fillRect(0, 0, w, h);

    context.restore ();

}

setInterval("draw ()", 1000);
</script>
</body>
</html>
```

图 4-3　视觉心理错觉

伽利略虽然没有能测出光速，但他第一次提出了光速有限，并使用实验的方法来进行验证，这具有非凡的意义，相比以亚里士多德为代表的停留在哲学层面的思辨有了很大的进步。伽利略创立了对物理现象进行实验研究并把实验方法与数学论证和逻辑推理相结合的科学研究方法，开启了近代科学之门。爱因斯坦在《物理学的进化》中说道："伽利略的发现以及他所应用的科学推理方法是人类思想史上最伟大的成就之一，而且标志着物理学的真正开端。"

伽利略对待权威的态度也很值得我们学习，他说："我赞成亚里士多德的著作，并精心地加以研究。我只是责备那些使自己完全沦为他的奴隶的人，变得不管他讲什么都盲目地赞成，并把他的话一律当作丝毫不能违抗的圣旨一样，而不深究其他任何依据。"

4-1-2 罗默木卫食法

伽利略测量光速失败，是因为光速太大，要么需要获得极短的时间，要么需要使用极大的距离。光速测量首先在天文学上获得了成功，这是因为宇宙广阔的空间提供了测量光速所需要的足够大的距离。

第一个比较正确地测出光速从而证实光速有限的人是丹麦天文学家罗默（见图 4-4）。1676 年，罗默通过长期观测木卫一食，用天文学方法测出光速的值约为 22.5 万千米/秒，离现在的数值虽然差别仍然较大，但已经在一个量级了。

图 4-4 罗默（1644—1710）

木卫一是个什么样的奇特天体，木卫一食又是一个什么现象？罗默为什么要长期观测木卫一食，是为了测光速吗？木卫一食与光速有什么关系？这些问题让人感到很突兀和奇怪。但是如果我们了解了有关的历史背景，就会知道罗默的工作在当时有着强烈的时代需求，其实是相当自然和容易理解的。他发现光速是一个意外事件，但却是必然的结果。

　　1610 年 1 月 7 日，伽利略使用他自制的世界上第一台天文望远镜发现了木星最亮的 4 颗卫星，从而为哥白尼日心说提供了证据。这 4 颗卫星被人们称为伽利略卫星，其中最靠近木星的一颗为木卫一（见图 4-5），被伽利略命名为伊娥(Io)。伊娥是古希腊神话中天神宙斯的情人，被天后赫拉变成小母牛，赫拉让百眼巨神阿尔戈斯看守，宙斯派出自己的儿子赫尔墨斯杀死阿尔戈斯救出伊娥，后来伊娥在尼罗河畔恢复原形，成为埃及的统治者，她的儿子当了埃及国王。木卫一的大小比月球略大，剧烈的火山活动使得木卫一表面覆盖着一层厚厚的硫黄，所以木卫一看起来呈现橘黄色。

图 4-5　木卫一

　　木卫一具有稳定的绕木星公转周期，其公转周期为 152 853.5047 秒，约是 42.5 小时（42.4593 小时）。在地球上观察木卫一，每隔约

42.5 小时就会看到一次木卫一转到木星的阴影后面而消失。这种木星的卫星运行到木星的阴影后面被遮挡变为不可见的现象叫木卫食（见图 4-6），也叫木卫掩食。每次木卫一食发生的时间可以准确预测。这一天文现象在高精度机械钟发明以前可以用来测量经度。

图 4-6　木卫食

在大航海时代，经纬度的测定具有非常重要的意义。纬度的测定可以通过对太阳和北极星高度角的测量而获得，但是经度的测定在当时却非常困难。测定一个地方的经度先要确定当地的地方时，一天中日影最短时刻为当地地方时正午 12 点，日晷测量的时间就是地方时。如果同时知道某一时刻的地方时和伦敦时间，那么根据这个时间差就可以算出这个地方和伦敦的经度差从而知道这个地方的经度了。这个现在看来很简单的问题在当时由于缺乏高精度的时钟而困扰了人们几个世纪之久。

1405 至 1433 年，郑和带领当时世界上最庞大的船队七下西洋，最远到达非洲东海岸和红海沿岸，由于不能确定经度，只能沿着海岸线和前人走过的航线航行，并没有开辟新航线。郑和病死于第七次返航途中。1492 年，哥伦布开辟了新航线，发现了新大陆，但也无法测定经度，基本采用的是等纬度航行法。1707 年，英国皇家海军根据船速估算经度，因为估算结果偏差，导致四艘军舰在锡利群岛触礁沉没，2000 多名海军葬身海底。鉴于经度问题的重要性，1714 年英国议会通过了《经度法案》，并特别成立了经度委员会，以两万英镑的巨额奖金征寻海上精确测定经度的解决方案。这一奖金最后于 1764 年由制造出高精度机械钟的英国钟表匠哈里森先后分两次获得。机械方法战胜了天文学方法。在寻求海上经度定位的过程中，英国建立了海洋霸权，成为了"日不落帝国"，同时天文学得到了很大发展。郑和的船队也碰上了海上定位的问题，他们当时已经会使用牵星术（通过牵星板测定星体高度）来测定纬度了。中国在宋元时期就由沈括和郭守敬把天文学发展到了相当高的水平。郭守敬设计制作了日月食仪用以观测日月食，主持制定了《授时历》，其中给出了日月食的推算方法。英国学者孟席斯提出，郑和曾在非洲建立月食观测点，通过观测月食测算经度："精确计算月食的能力和在地球上不同地方同时观察这一现象的事实证明，中国人已经尝试发现计算经度方法的关键步骤。"如果郑和没有病死，或者他的事业有人继承下去，那么寻找经度是强烈需求下的必然行为，一定会极大推动天文观测的发展，也许就会发现天体运行的规律，甚至发现光速，现代科学就可能首先在中国产生。当然历史不能假设。

　　天文方法测经度的原理是，寻找可以预测的天文现象，根据天文台的观测数据做出预测，一旦观测到该现象，就可以知道天文台的地方时，再根据本地地方时就可以算出两个地方的经度差。这需要频繁出现、可以精确定时的天文现象。月食观测误差大、周期长，而木卫一食不到两天就出现一次，时间精确。伽利略提出木卫一食是一个很好的参考对象。木卫一食在颠簸的大海上观测非常困难，巴黎天文台台长卡西尼在陆地上观测木卫一食来测定经度，由此他精确地测绘了法国的地图。罗默是卡西尼的助手，负责观测木卫食，编制经度测量表。将木卫食发生时的地方时与表格对照即可获知当地的经度。

罗默对木卫一进行了长期的观测。他发现木卫一食发生的周期并不固定，而是有着时快时慢的变化，一段时间里木卫一食发生的时间逐渐推迟，过一段时间木卫一食发生的时间又逐渐提前了。经过认真的思考和分析，罗默认为木卫一绕木星公转的周期是不变的，木卫一每次出现在预定位置的时间也应该一样，观测到木卫一食发生时间的推迟或提前是因为光从木星传到地球需要时间。当地球远离木星时，光线多走了一段距离，所以观测到的时间推迟了；当地球靠近木星时，光线少走了一段距离，所以观测到的时间提前了。由此罗默推算出了光在木星和地球之间传播的速度。

罗默根据他的理论，精确地预言了 1676 年 11 月 9 日木卫一食发生的时间要比其他天文学家计算的时间晚 10 分钟，天文台的观测结果跟他的预言十分符合。罗默第一次用翔实的观测数据证实了光速有限，并给出了光速的观测数值。这得益于罗默长期耐心的观测和严谨细致、一丝不苟的工作态度。

罗默法测光速的原理其实很简单。如图 4-7 所示，地球从离木星最近的位置 A 点运行到离木星最远的位置 B 点时，光从木星传到地球要多走一段接近于地球轨道直径的距离。在 B 点观测到木卫一食的时间比根据 A 点观测结果计算的预期延迟达到 22 分钟，这就是光穿越地球轨道直径所需的时间。根据地球轨道直径的数值，罗默算出光速约为 22.5 万千米/秒。这一结果的意义非常重大。

罗默测出的光速值尽管离光速的现代值相差还是很远，但它却是光

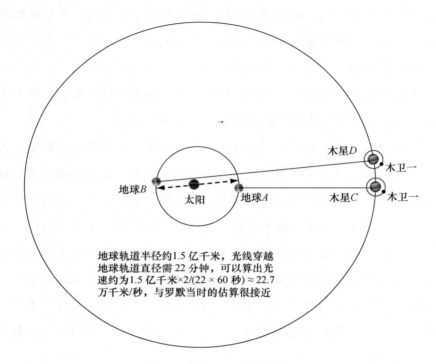

图 4-7　罗默法测光速原理图

速测量历史上的第一个记录。后来人们用照相方法测量木卫食的准确时间，并在地球轨道半径测量精确度提高后，用罗默法求得光速为299 840±60 千米/秒。

　　作为实验，也可以使用这个方法，反过来根据光速来估算地球轨道的直径。

　　罗默法在维基百科上有不同的描述，稍复杂些，就不予介绍了，这里参考了《中国大百科全书·天文学卷》罗默条的解释，易于理解。现在有很好的望远镜观测条件，很方便的数码照相技术，中小学生只要有兴趣都可以进行实验（见图 4-8）。

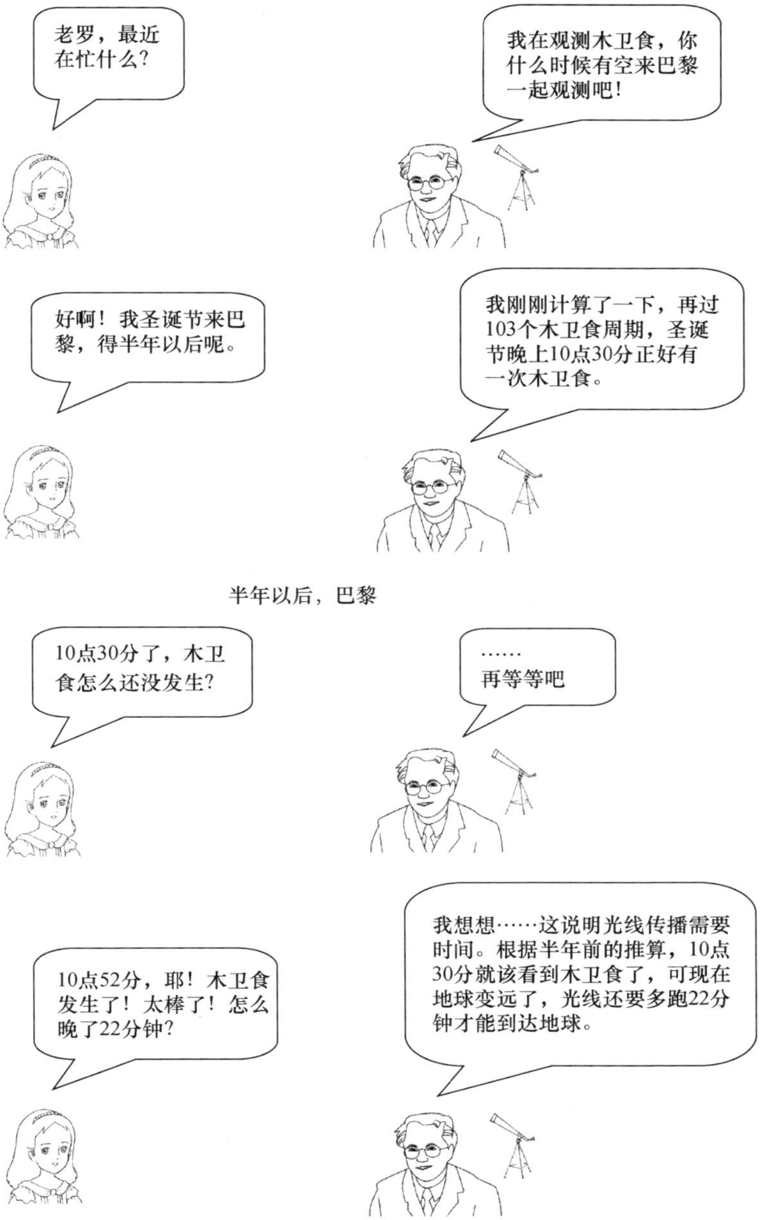

老罗，最近在忙什么？

我在观测木卫食，你什么时候有空来巴黎一起观测吧！

好啊！我圣诞节来巴黎，得半年以后呢。

我刚刚计算了一下，再过103个木卫食周期，圣诞节晚上10点30分正好有一次木卫食。

半年以后，巴黎

10点30分了，木卫食怎么还没发生？

……
再等等吧

我想想……这说明光线传播需要时间。根据半年前的推算，10点30分就该看到木卫食了，可现在地球变远了，光线还要多跑22分钟才能到达地球。

10点52分，耶！木卫食发生了！太棒了！怎么晚了22分钟？

图 4-8　罗默法原理

4-1-3　布拉得雷光行差法

1725 年，英国天文学家布拉得雷（见图 4-9）在观测恒星视差时偶然观测到光行差现象。布拉德雷用光行差方法测得光速为 308 300 千米/秒，很接近现代数值 299 792 千米/秒。他的这一发现在当时很有力地支持了哥白尼的地动说。

图 4-9　布拉得雷(1693—1762)

视差是从一定距离的两个点上观测同一个目标所产生的方向差异。观测的两点之间的连线称作基线。根据视差角度和基线长度，可以使用三角法计算出目标和观测者之间的距离。人的双眼使用视差原理来定位目标。地球绕太阳周年运动，地面上的人观测恒星所产生的视差称为恒星周年视差（见图 4-10）。天文学家使用地球轨道直径作为基线观测恒星周年视差来测量遥远恒星的距离。但由于恒星距离太远，视差太小（离太阳最近的恒星比邻星的视差只有 0.75 角秒），观测极为困难，恒星视差长期未能观测到。直到 1838 年，德国天文学家贝塞尔使用了一种叫做量日仪的新仪器，才第一次观测到天鹅座 61 星的视差为 0.31 角秒。到 19 世纪末也只有少数恒星的视差被观测到。

哥白尼地动说在 17 世纪逐渐被人们所接受，但是还有一个困难问题没得到解决，就是地球绕太阳周年运动所产生的恒星周年视差一直未能观测到。布拉得雷在 1725 年对天顶正上方附近的天龙座 γ 星进行了

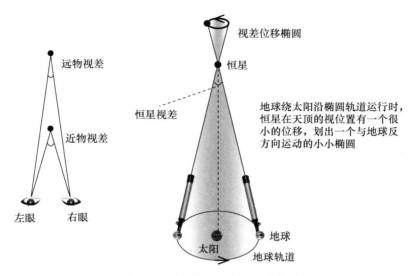

图 4-10　人眼视差和恒星周年视差

观测，试图发现其周年视差，从而解答地动说的最后一个问题。结果他真的发现该恒星的观测位置有一个位移。开始他以为就是视差，但是这个位移的大小和方向却不同于视差。其大小在半年时间内达到 41 角秒，远超预期的 0.5 角秒。其方向与地球的运动方向始终保持相同，沿着地球轨道的切线方向而不是半径方向。观测恒星的望远镜必须始终向地球运动方向偏移约 20.5 角秒的角度，才能正确观测到该恒星。与其他恒星的比较观测发现，这个位移与恒星的距离无关，而视差明显是与恒星距离直接相关的，距离越远视差越小，距离越近视差越大。布拉得雷把这个不同于视差的位移称作光行差（见图 4-11）。

　　布拉得雷很久无法解释这一现象。直到 1728 年，他在泰晤士河上坐船时发现，当船转向时，船上的风向标也随之转向，尽管风向并未改变。他想到如果把风当作星光，船当作地球，情形不正好一样吗！联系到罗默对光速的研究，他意识到问题是由于光速有限，望远镜的方向是由光速和地球运动的速度共同决定的，正如风向标的方向是由船速和风速共同决定的（见图 4-12）。由此他成功揭示了光行差的本质。

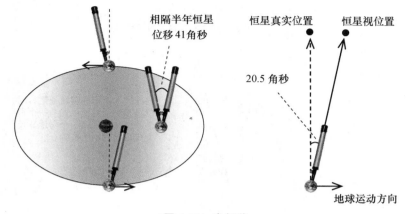

图 4-11　光行差

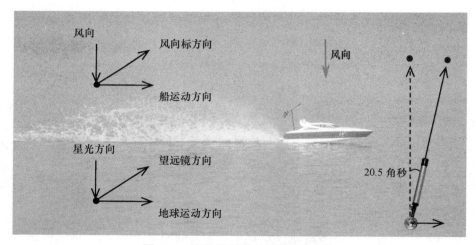

图 4-12　布拉得雷风向与星光的类比

　　现在常用"雨行差"来类比光行差现象。如图 4-13 所示，在无风的雨天乘坐公共汽车的时候，你会发现尽管雨是垂直下落的，但是雨水落在车玻璃和车身上的痕迹却是倾斜的，从车辆前部的上端斜向后部的下端。同时打伞行走的人，伞会向前方倾斜，而且走动越快，倾斜得越厉害。

　　如图 4-14 所示，我们用雨点代替星光，假设雨点以速度 u 垂直下落，我们用一个以速度 v 运动的镜筒来接收雨点，镜筒内壁衬有吸水纸，雨点碰到筒壁会被吸收。为了使雨点顺利穿过镜筒到达镜筒底部，镜筒必须倾斜一定角度，使得当雨点从镜筒口落下任何距离时，镜筒恰

图 4-13 雨行差

好运动一段距离，保持雨点刚好在镜筒中央而不被筒壁吸收。这个角度满足公式

$$\tan\theta = \frac{v}{u}。 \tag{4.1}$$

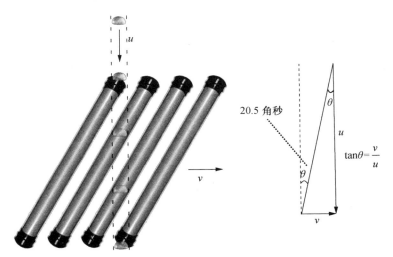

20.5 角秒

$$\tan\theta = \frac{v}{u}$$

图 4-14 穿越镜筒的雨点

当 θ 很小时，$\theta \approx \tan\theta$，可以近似认为 $\theta = \dfrac{v}{u}$，于是

$$u = \frac{v}{\theta}。 \tag{4.2}$$

具体到星光时，有 $u = c$，于是 $c = \dfrac{v}{\theta}$。布拉得雷时期还没有出现相对论，考虑到相对论效应时角度公式替换为 $\sin\theta = \dfrac{v}{c}$，当 θ 很小时，也有 $\theta \approx \sin\theta$，所以仍然有

$$c = \frac{v}{\theta}。 \tag{4.3}$$

布拉得雷认为光行差遵循这个公式，根据光行差角度和当时已知的地球公转速度，他算出光速约为 308 300 千米/秒，这个数值与现代的数值 299 792 千米/秒已经很接近了。

地球在太阳系中绕太阳以约 30 千米/秒的速度公转，同时太阳系也在银河系中绕银心以约 250 千米/秒的速度公转。太阳系的运动也会产生光行差，但是周期太长，难以观测到。

布拉得雷的工作肯定了罗默光速有限的结论，并给出了一个较为准确的数值，从此光速有限不再有人怀疑。1742 年，布拉得雷被任命为第三任格林尼治天文台台长。由于他的杰出成就，国王准备给他提高薪水，但是他拒绝了这一好意，因为他担心皇家天文学家的薪水太高必将导致许多投机钻营者觊觎，反而使真正的天文学家得不到这一职位。在布拉得雷的身上体现了一个天文学家的无私品质和人生智慧，使人想起德国哲学家康德说过的一句话：这个世界上只有两样东西最使我敬畏，那就是头顶的星空和心中的道德律。

布拉德雷在观测恒星视差时偶然测到了光速，距离罗默第一次测出光速已经将近 50 年了。罗默也是为了测经度在长期观测木卫食中偶然发现光速的。两人都不是为测量光速而刻意设计的实验，但是却得到了意料之外的结果。在科学史上很多发现都具有偶然性，这说明了科学的魅力，常常给努力的人们带来意外的惊喜。

4-1-4 斐索旋转齿轮法

在布拉得雷测出光速 100 多年以后，1849 年，法国科学家斐索(见图 4-15)使用旋转齿轮法，第一次在地面实验室里成功测出了较为准确的光速数值，而之前的结果都是通过天文学观测的方法得到的。斐索测量的光速值为 31.5 万千米/秒，同现代结果比较接近。

图 4-15 斐索(1819—1896)

斐索测光速的原理如图 4-16 所示。光源发出的一束光经过半透镜(将光线部分反射部分透射的镜子，如同夜晚在开灯的室内向玻璃窗外看，既能看到窗外景物，也能看到自己的影像)的反射，穿过一个齿轮的齿隙，投射到反射镜上。反射镜反射后经原路返回，如果齿轮不转，将会穿过齿轮的同一个齿隙，透过半透镜，进入观察者的眼睛。转动齿轮，一开始转速较慢，由于光速极快，光仍然可以通过原来的齿隙传回来。当转速快到一定程度后，返回的光束被轮齿挡住，观察者就看不见光束了。继续加快转速，光束又可以从下一个齿隙穿过，观察者就又看见光束了。

斐索放置反射镜的距离达到 8633 米，齿轮的齿数加到 720 齿，转速达到每秒 12.67 转时，第一次看到了光束被挡住而消失。当转速加倍时，他又看到了光束。由此斐索计算出光速为 $8633 \times 2 / (1 / (12.67 \times 1440)) \approx 3.15 \times 10^8$ 米/秒。

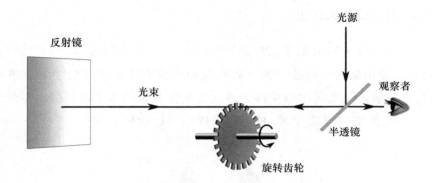

图 4-16　斐索旋转齿轮法测光速原理图

　　斐索的方法大大提高了地面实验的精度。在此基础上，人们对斐索的方法做出了各种改进，发明了旋转镜法、旋转棱镜法、克尔盒法等多种方法，得到了更为精确的测量结果。

4-1-5　电磁学方法

　　人们对光速的测量经过了漫长而艰难的过程，可是有一个科学家，他没有做任何实际测量，仅仅是通过纸和笔做理论推导，就得到了同样的结果。神奇吧！这个科学家就是麦克斯韦。

图 4-17　麦克斯韦（1831—1879）

麦克斯韦是电磁学理论的集大成者，他提出了麦克斯韦方程组，将电磁学理论用简洁、对称、完美的数学形式表示出来，建立了完整的电磁理论体系，成为经典电动力学的基础。麦克斯韦方程组涵盖了电磁学的一切规律，成为一切电、磁、光现象的数学理论基础，它全面、优美而深刻，被誉为"上帝写的诗歌"。对麦克斯韦方程组的一个评价是："一般地，宇宙间任何的电磁现象，皆可由此方程组解释。"麦克斯韦建立的电磁场理论，将电学、磁学、光学统一起来，是 19 世纪物理学发展的最光辉的成果。英国科学期刊《物理世界》于 2004 年举行了一场全球性的投票，让读者评选"最伟大的公式"，最后选出十个公式，其中麦克斯韦方程组排名第一。我们把这个"世界上最伟大的公式"写出来，只有初等数学物理基础的同学可能会不明觉厉（网络用语：虽然不明白，但是觉得很厉害！），但是不需要看懂，只要瞻仰一下就可以了。

积分形式　　　　　　　微分形式

$$
\begin{cases}
\oiint_S \boldsymbol{D} \cdot \mathrm{d}\boldsymbol{S} = q_0, \\[2mm]
\oiint_S \boldsymbol{B} \cdot \mathrm{d}\boldsymbol{S} = 0, \\[2mm]
\oint_L \boldsymbol{E} \cdot \mathrm{d}l = -\iint_S \dfrac{\partial \boldsymbol{B}}{\partial t} \cdot \mathrm{d}\boldsymbol{S}, \\[2mm]
\oint_L \boldsymbol{H} \cdot \mathrm{d}l = I_0 + \iint_S \dfrac{\partial \boldsymbol{D}}{\partial t} \cdot \mathrm{d}\boldsymbol{S};
\end{cases}
\qquad
\begin{cases}
\nabla \cdot \boldsymbol{D} = \rho_0, \\[2mm]
\nabla \cdot \boldsymbol{B} = 0, \\[2mm]
\nabla \times \boldsymbol{E} = -\dfrac{\partial \boldsymbol{B}}{\partial t}, \\[2mm]
\nabla \times \boldsymbol{H} = j_0 + \dfrac{\partial \boldsymbol{D}}{\partial t}。
\end{cases}
$$

　　1865 年，麦克斯韦从这组公式预言了电磁波的存在。如图 4-18 所示，他推论振荡的电场会在周围产生振荡的磁场，振荡的磁场又会在周围产生振荡的电场，如此循环往复，电磁场的变化会像水波一样向远方扩散出去，这个扩散出去的电磁场就是电磁波。

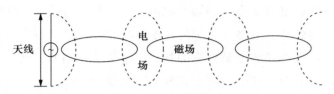

图 4-18　电磁波传播示意图

　　麦克斯韦在论文《电磁场的动力学理论》里，从麦克斯韦方程组出发，导出了电场和磁场的波动方程，并进一步从波动方程给出了电磁波传播速度的公式。他推导出电磁波是横波，在真空中的传播速度为 $c=$ $\dfrac{1}{\sqrt{\varepsilon_0\mu_0}}\approx3.0\times10^8$ 米/秒，其中 $\mu_0=4\pi\times10^{-7}$ 牛顿/安培^2 为真空磁导率，$\varepsilon_0\approx8.8541878818\times10^{-12}$ 库仑^2/(牛顿·米^2) 为真空介电常数。电磁波的波速与已测得的光速吻合得相当好。结合其他物理学家对光的波动理论的研究，麦克斯韦得出结论："这些结果的一致性，似乎意味着光波与电磁波都是同样物质的属性，光波是按照着电磁定律传播于电磁场的电磁扰动"，也就是说，光是一种电磁波。麦克斯韦的这一预言揭示了光现象和电磁现象之间的联系。随后赫兹（见图 4-19）等人通过大量实验从各方面证实了光确实是一种电磁波。

图 4-19　赫兹（1857—1894）

1887 年，赫兹根据麦克斯韦的理论在实验室里第一次产生了电磁波。如图 4-20 所示，他使用感应圈做了一个电火花发生器，然后在一个金属圈的两端连接两个小球作为谐振器。通过适当调整谐振器的距离、方位和小球间隙，赫兹发现当火花发生器的间隙有火花跳过的同时，谐振器的间隙也有火花跳过，如同声波的共振现象。这样赫兹第一次观察到了电磁波的存在，实现了电磁波的发射和接收。他测量了所产生电磁波的波长和频率，根据波速公式 $v = \lambda f$，计算出电磁波的速度果然符合麦克斯韦的预言，与光速相近。同时他还用实验证实了电磁波的偏振、折射、反射、干涉、衍射等性质完全与光的性质相同。

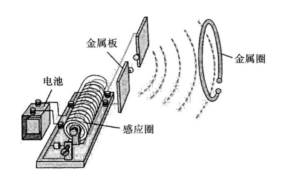

图 4-20 赫兹验证电磁波存在的实验装置

赫兹的实验很快得到了全球其他物理学家的验证，证实了麦克斯韦的电磁波预言完全正确。可惜此时麦克斯韦已经因胃癌去世。这个伟大的天才只活了 48 岁，未能看到他的预言被证实。而赫兹，麦克斯韦电磁理论的证实者，也因为败血症于 37 岁英年早逝。赫兹的发现不仅证实了麦克斯韦理论的正确性，并且也为人类利用电磁波奠定了基础，开创了电子技术新时代。在赫兹宣布他的发现后不到六年，意大利工程师马可尼和俄国的波波夫分别实现了无线电远距离通信，并很快投入实际应用，人类进入无线电时代。赫兹还进一步完善了麦克斯韦方程组，使它更加优美、对称，得出了麦克斯韦方程组的现代形式，并明确指出，电磁波的波速与波源的运动速度无关。赫兹首先发现了光电效应，这一发现成为爱因斯坦 1905 年建立光的量子理论的实验基础。

赫兹以后大量的光速测量方法都是通过测量波长和频率根据公式 $c=\lambda f$ 来得到光速的。目前这种方法测出的光速是最精确的。随着电子学和激光器的发展，先后出现谐振腔、雷达、光电测距仪、微波干涉仪、稳频激光器等多种方法，把光速测定的精度提高了几个数量级。随着光速的测定越来越稳定而精确，1983 年第十七届国际计量大会做出决定，将真空中的光速定义为精确值 $c=299\,792\,458$ 米/秒，将长度单位米定义为光在真空中传播 $(1/299\,792\,458)$ 秒的距离。

长度单位米的定义经过了一系列有趣的变迁。

1660 年，英国皇家学会提出用秒摆的摆长作为长度的单位，"半周期为 1 秒的单摆，其摆长定义为 1 米"。根据小摆角时的单摆周期公式 $T=2\pi\sqrt{l/g}$（其中 l 为摆长，g 为重力加速度），$T=2$ 秒时，$l=1$ 米，在这个定义下，重力加速度 g 与圆周率的平方 π^2 刚好在数值上相等！但是重力加速度与位置有关，地表不同地方的重力加速度并不相同，秒摆的长度也不一样，因此这个定义并不稳定。

1791 年，法国科学院使用经过巴黎的子午线上从北极点到赤道距离的千万分之一来作为标准长度，即米的定义。1799 年，人们测量完成了经过巴黎的子午线弧长，依此制造了一个米基准器，存放于法国档案局内，称为"档案局米"。

这样，重力加速度就成为 π^2 的近似值，地球赤道和子午线的长度大约为 4 万千米。所谓"坐地日行八万里"，就是坐在地球赤道上不动，一天随着地球自转就走过了八万里。因此这一整数长度不是偶然，而是有历史渊源的。而子午线的长度与秒摆的长度之比为何恰好接近一个大整数倍，这只能是一个巧合了。

由于在新的精度测量下，子午线长度与以前测量的长度不一致，因此新测量的米的长度与"档案局米"产生了不一致。子午线定义也不稳定，以后更精密的仪器可能还会测出更新的数值。1872 年，法国召集

30 国会议，放弃子午线定义，以新制作的米原器上两条刻线间的距离作为米的定义。1889 年，国际计量局用铂铱合金重新制作了一个国际米原器，其断面为 X 型，宣布"米的长度等于在冰熔点温度时截面为 X 型铂铱合金国际米原器两端刻线记号间的距离"。

1960 年的第十一届国际计量大会定义"米的长度等于氪-86 原子的 $2p_{10}$ 和 $5d_5$ 能级之间跃迁的辐射在真空中波长的 1 650 763.73 倍"。

1983 年的第十七届国际计量大会定义"米是光在真空中于(1/299 792 458) 秒时间间隔内所经过路径的长度"。从此真空中的光速成为了精确的 299 792 458 米/秒，成为了定义的常数，而不是测量的结果。

§4-2　光的本性

光的本性究竟是什么？人们对光的认识经历了多次反复的发展过程。在对光的研究历史中，两种相互对立的理论，即光的微粒说和光的波动说，进行了长期激烈的争论。

（1）牛顿的微粒说。

1672 年牛顿发表《关于光和色的新理论》，阐述了光的微粒说理论。牛顿认为光是从光源发出的一种物质微粒组成的粒子流，在均匀介质中遵循力学规律以一定的速度进行传播，微粒进入人的眼睛冲击视网膜产生视觉。微粒说成功地解释了光的直线传播、反射和折射现象。由于微粒说通俗易懂，又能解释一些常见的光学现象，所以很快获得了人们的承认和支持。这一理论在 17—18 世纪由于牛顿的巨大权威长期占据统治地位。然而微粒说在解释一束光射到两种介质分界面处会同时发生反射和折射，以及几束光交叉相遇后彼此互不干扰继续向前传播等现象时，却发生了很大困难。

（2）惠更斯的波动说。

与牛顿同时代的荷兰物理学家惠更斯提出了与微粒说相对立的波动

说，认为光是发光物体产生的某种振动，以机械波的形式向周围传播。波动说不但解释了几束光线在空间相遇不发生干扰而独立传播的现象，而且解释了光的反射和折射现象。但是这一理论长期被牛顿及其拥护者所压制，直到 19 世纪英国物理学家托马斯·杨成功观察到光的干涉现象以及法国物理学家菲涅尔发现和完美解释了光的衍射现象（见图 4-21），波动说才取得优势地位。波动说能够很容易地解释光的干涉和衍射现象，而微粒说则无能为力。

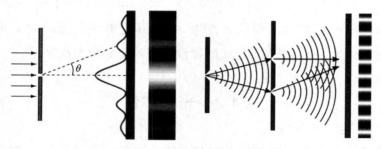

图 4-21　单缝衍射与双缝干涉

在波动说的发展过程中有一个有意思的故事。支持微粒说的泊松根据菲涅尔的衍射理论指出，如果在光束的传播路径上放一块不透明的圆板，那么在圆板背后阴影的中央应当会出现一个亮斑。泊松认为这是不可能的，因此宣传他驳倒了波动理论。但是实验表明圆板阴影的中央恰恰出现了一个亮斑，泊松的计算反而支持了波动学说。后来人们戏剧性地将这个亮斑称为泊松亮斑（见图 4-22）。

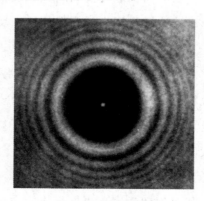

图 4-22　泊松亮斑

（3）麦克斯韦的电磁说。

麦克斯韦导出了电磁场的波动方程，预言了电磁波的存在，认为光是一种电磁波，并从理论上给出了光速的计算公式。赫兹通过实验证实了电磁波的存在，并证实电磁波确实同光一样，能够产生偏振、反射、折射、干涉、衍射等现象。赫兹通过波长频率测算出电磁波的波速符合麦克斯韦的计算结果，与通过其他方法测得的光速相近。利用光的电磁说，对以前发现的各种光学现象都可以做出圆满的解释。这一切使波动说在与微粒说的论战中取得了无可争辩的胜利。

（4）爱因斯坦的光子说。

就在波动说大获全胜，准备鸣金收兵的时候，赫兹于 1887 年发现了光电效应现象（见图 4-23）。赫兹在进行电磁波实验时偶然发现，紫外线照射到金属电极上，可以帮助产生电火花。英国物理学家汤姆孙于 1897 年发现了电子，并于 1899 年证实紫外线照射到锌板上时从锌板上发射出的粒子是电子。勒纳德等人又进行了深入的研究，发现：仅当光的频率大于一定值时，才会产生光电效应；从金属中逸出的电子能量只与光的频率有关，而与光的强度无关；光的强度只影响逸出电子的数目。这些实验结果，光的波动说无法给予解释。

1905 年爱因斯坦在普朗克的量子论基础上提出了光子假说，认为光的能量在空间中不是连续分布的，而是由一个一个的光子组成，光子的能量与光的频率成正比，即 $E=h\nu$，其中 h 为普朗克常数，ν 为光的频率。光子说成功地解释了波动说不能解释的光电效应现象。光的粒子性再一次被证明。

1923 年美国物理学家康普顿发现了 X 射线通过较轻物质（石墨、石蜡等）散射后波长变长的现象（康普顿效应，见图 4-24），这一现象用光的电磁理论无法解释。康普顿用爱因斯坦的光子说对实验结果进行了圆满的解释。他认为这种现象是由光子和电子的相互碰撞引起的。在碰撞过程中，光子把一部分能量传递给电子，自身能量减少，因而频率降

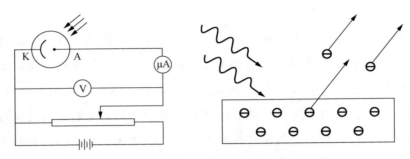

图 4-23　光电效应

低，波长变长。另外，根据碰撞粒子的能量和动量守恒，可以导出频率改变和散射角的依赖关系，结果与实验数据完全符合。康普顿效应进一步证明了爱因斯坦的光子说，肯定了光的粒子性。

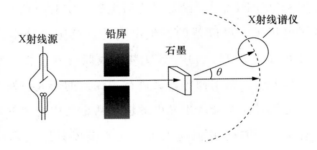

图 4-24　康普顿散射

　　康普顿效应的逆效应（逆康普顿效应）是低能光子与高能电子碰撞后获得能量变成高能光子的一种散射过程。这个效应在天体物理学中非常重要，是宇宙 X 射线的来源之一。

　　（5）波粒二象性学说。

　　光究竟是波，还是粒子？在经典物理学中，粒子和波是两个对立的互不相容的概念。在爱因斯坦的光子说中，光子的能量由频率决定，而频率是波动说中的概念，因此在光子说中光既是粒子又是波，光同时具有波和粒子的双重性质，即波粒二象性。这是历史上第一次揭示光的波动性和粒子性的统一。爱因斯坦认为对于时间的平均值，光表现为波动性，对于时间的瞬间值，光表现为粒子性。

1924 年，法国物理学家德布罗意提出物质波假说，认为一切物质都具有波粒二象性，所有微观粒子如电子、质子等和光子一样既具有粒子性又具有波动性，物质波的波长与其动量成反比，即 $\lambda = h/p$，其中 h 为普朗克常数，p 为粒子的动量。根据这一理论，电子也会有干涉和衍射等波动现象，这被后来的电子衍射实验所证实。后来人们陆续观察到了质子、中子、原子以及大型分子的衍射和干涉等波动现象。

　　1926 年，德国物理学家玻恩提出了概率波的概念，认为单个微观粒子在空间何处出现具有偶然性（不确定性），但是大量粒子出现的空间分布却服从一定的统计规律，粒子在某点出现的概率的大小可以由波动规律确定。按照这一理论，光的干涉和衍射现象是光子的运动遵守波动规律的表现，亮条纹是光子到达概率大的地方，暗条纹是光子到达概率小的地方，因此光波是一种概率波。这一理论对波粒二象性做出了合理的诠释。

　　在各种光的实验中，以往的实验，要么表现出光的波动性，要么表现出光的粒子性，还没有过同时表现出两种状态。比如光在光电效应实验中表现为粒子性，在双缝干涉实验中表现为波动性，而不会在双缝干涉实验中表现为粒子性。2012 年英国布里斯托大学的佩鲁佐在《科学》杂志上发表了一个实验，使用了一个新的装置，能够同时检测光的粒子性和波动性。对于实验结果，佩鲁佐表明："这种测量装置检测到强烈的非定域性（不确定性），这就证实在我们的实验中光子同时表现得既像一种波又像一种粒子，这对光或者像一种波或者像一种粒子的模型做出了强烈的反驳。"他认为包括"光子实验测定方法决定光子状态"的说法也是片面的。

　　曾经有记者问建立了 X 射线晶体衍射理论的英国物理学家、诺贝尔奖获得者布拉格教授：光究竟是波还是粒子？布拉格幽默地回答：星期一、三、五它是一个波，星期二、四、六它是一个粒子，星期天物理学家休息。这一回答虽然是个玩笑，但在最新实验结果前并不正确，光同时表现为既是波又是粒子，而不是有时是波有时是粒子。

（6）孤立波理论与波粒二象性。

1834 年的一天，在从爱丁堡到格拉斯哥的运河上，一位苏格兰海军工程师罗素观察到一种奇特的水波。他在报告中描述了观察到的这种奇特水波，并称这种波为孤立波。他是这样描述的："我看到两匹马拉着一条船沿着狭窄的运河快速前进。突然船停了下来，随船一起运动的船头处的水堆并没有停止下来。它激烈地在船头翻动起来，随即突然离开船头，并以很高的速度向前推进。一个圆而光滑、轮廓清晰、巨大的孤立水堆，犹如一个大鼓包，沿着运河一直向前推进，在行进过程中其形状与速度没有明显变化。我骑马跟踪注视，发现它保持着起始时约30 英尺长，1～1.5 英尺高的浪头，约以每小时 8～9 英里的速度前进。我追逐它 1～2 英里后，发现它的高度逐渐降低，最后在运河的拐弯处消失了。"罗素称："这一现象只要船舶快速行驶时，突然让它停止，就可以重复观察到。"孤立波的直观图示见图 4-25。

图 4-25　孤立波

这种单方向传播，分布在小区域内，保持波形和速度稳定不变的孤立波在以往的文献中从未见过，第一次被罗素所发现。罗素后来在浅水槽中多次实验，重现了这一孤立波现象。同时他根据实验结果推算出孤立波的传播速度等于最大动水深（波峰与槽底距离）与重力加速度乘积的平方根，其公式为

$$v = \sqrt{g(d + A)},$$

其中，g 为重力加速度，d 为静止水的初始水深，A 为孤立波的高度，即波幅。

　　1895 年，荷兰数学家科特韦格和他的学生德弗里斯研究了浅水波的运动，在长波近似和小振动的前提下，建立了单向运动的浅水波方程，即 KdV 方程，并求出了与罗素描述一致的孤立波解，从而在理论上证明了孤立波的存在。他们认为孤立波现象是波动过程中非线性效应与色散效应互相平衡的结果。KdV 方程是一个非线性偏微分方程。此后人们发现，在许多物理体系中都存在 KdV 方程，说明孤立波是一种普遍存在的物理现象，于是 KdV 方程被看作数学物理的一个基本方程。此后人们又进一步发现，除 KdV 方程外，其他的一些偏微分方程也有孤立波解。另外除浅水层孤立波外，人们发现在水层深处、固体介质、电磁场、等离子体、超流体、超导体、液晶、生物体，以及微观粒子的波动性中都可能有孤立波存在。从此一个广大的孤立波研究领域发展起来了。

　　1965 年美国科学家扎布斯基和克鲁斯卡在对 KdV 方程进行数值模拟计算时发现，两个孤立波在相互碰撞后并没有分散解体，而是仍然保持各自原有的波形和速度继续前进。这一现象说明孤立波具有非常独特的稳定性。扎布斯基和克鲁斯卡把这种具有碰撞稳定性的孤立波叫做孤立子（见图 4-26）。

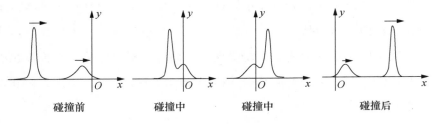

| 碰撞前 | 碰撞中 | 碰撞中 | 碰撞后 |

图 4-26　孤立子碰撞

并非所有的孤立波都具有碰撞的稳定性，因此不是所有的孤立波都是孤立子。孤立子是一些非线性偏微分方程的非奇异特解，一般满足以下特性：

① 空间局域化（能量集中于一个空间小区域）；

② 单个孤立子是一个单方向传播的行波解；

③ 具有稳定性，波动形状不随时间演变而发生变化；

④ 两个孤子相互作用时出现类似粒子一样的弹性散射现象，即波形和波速能恢复到原状。

现在已经知道一系列非线性偏微分方程存在孤立子解，其中最有代表性的有四类方程：

① KdV 方程；

② 正弦戈登方程；

③ 户田非线性晶格方程；

④ 非线性薛定谔方程（NLSE）。

对孤立子的研究发现，孤立子具有一切粒子所具有的特性，如质量、动量、能量、电荷、自旋等等，它们也遵循一般的物理定律，如在外力作用下服从牛顿运动定律，存在质量守恒、动量守恒、能量守恒定律等。和基本粒子存在反粒子一样，孤立子也存在相应的反孤立子。有的孤立子还具有不稳定粒子一样的衰变特性。

孤立子本身是一种波，而表现出粒子的特性，这与物质粒子有着惊人的相似性，物质粒子作为粒子而表现出波的特性，二者都具有"波粒二象性"。波粒二象性是非常令人困惑的概念。粒子和波这两种互相对立的东西怎么能统一在一起？一个东西怎么能同时既是粒子又是波？孤立子的性质似乎能够帮助我们理解这种矛盾的存在。

理论物理学家对孤立子产生了极大的兴趣，有些人尝试用孤立子来描写基本粒子，并预言孤立子必将在基本粒子研究中起到独特的作用。但是，由于孤立子解只存在于非线性偏微分方程中，对非线性偏微分方程的研究在数学上非常困难，远不如线性系统成熟和完善，很多分析线性系统的有力工具不再有效，大多数情况下都需要借助于数值方法，而对多维孤立子的研究更加困难。人们对基本粒子的了解远多于孤立子，因此，借用孤立子理论还难以对基本粒子做出详细的描述。对孤立子和物质粒子关系的深入认识还有待于数学和物理研究的进一步发展。

§4-3 光速与光源的运动无关

我们知道，标枪运动员在投掷标枪前助跑可以提高投掷速度，行舟时顺流而下会加快舟的速度，而逆流而上则将降低舟的速度，两个运动速度会按照同向相加、反向相减的规律进行合成（见图 4-27）。那么，光源朝向或者远离观察者运动会不会加快或者降低光的速度呢？这里，如果不做特别说明，我们所说的光速是指真空中的光速。

图 4-27 速度合成

人们在对一些波动的研究中发现，在各向同性的介质中，这些波的传播速度与波源的运动速度无关，只与介质的性质有关。声波在空气中传播的速度约是 340 米/秒，在无风的天气，声源朝向或者远离观察者运动，观察者观察到的声波速度都是 340 米/秒。这个事实可以用下面的例子来观察。炮弹在空气中飞行时会产生呼啸声，高射炮炮弹的发射速度大于声速，如果声速遵循普通的速度合成规律，那么炮弹所产生的声音向后传播的速度将会小于零，炮弹射手将听不到炮弹的呼啸声，只能听到炮弹落地后的爆炸声，而在炮弹射击的目标方则既能听到炮弹的呼啸声又能听到爆炸声。同样，步枪射手也将听不到自己射出的子弹的呼啸声。事实上，炮弹和子弹的呼啸声在任何一个方向都能听到，说明声速并不遵循普通的速度合成规律。用石子打水漂时会在水的表面产生水波。如图 4-28 所示，在静止的水面上打水漂，作为波源的石子所产生的水波向外扩散的形状是圆形的，显示了水波向四周等速传播。如果水波向石子运动的前方传播速度快而向后方传播速度慢的话，由于石子的速度往往比水波的速度快，那么扩散的形状将不会是圆形而是向前方拉伸成很扁的椭圆形。这说明了水波传播的速度也与波源的运动速度无关。

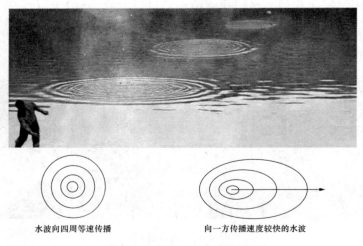

水波向四周等速传播　　　　　　　向一方传播速度较快的水波

图 4-28　打水漂中水波的传播

在上面的例子中，波源的运动速度为何没有影响到波速？一个简单易于理解的解释是，波是振动在介质中的传播，声源发声与石子接触水面之前，空气和水并没有参与声源和石子的运动，而标枪在投掷脱手之前已经参与了运动员的运动，舟在划动之前已经参与了水流的运动，所以波速与波源的运动无关。好比坐在火车上的司令员下命令给铁路旁边的部队，一种方式是让火车上的传令员从火车上向前或者向后跑过去通知，另一种方式是让地面的传令员跑过去通知，那么前者传令速度因为传令员参与火车运动而与火车的速度相关，后者传令速度则因为传令员没有参与火车运动而与火车的速度无关。如图 4-29 所示，在以 50 米/秒速度前进的火车上，射击手分别向火车前方和后方射出速度为 800 米/秒的子弹，那么在地面上的观察者会观测到向前方射出的子弹速度为 800 米/秒＋50 米/秒＝850 米/秒，向后方射出的子弹速度为 800 米/秒－50 米/秒＝750 米/秒。如果在火车上用喇叭分别向前方和后方播音，那么无风时地面观察者观测到向前后方的声音速度都是 340 米/秒。

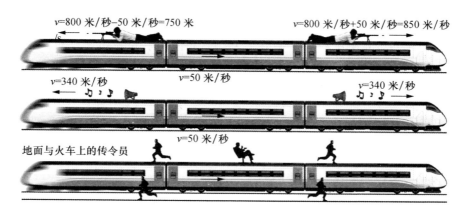

图 4-29　经典速度合成与波速不变

　　运动光源的光速，是遵循经典的速度合成规律，还是类似声波或水波的波速与波源运动无关呢？根据麦克斯韦的理论，光是一种电磁波，是电磁振荡在空间的传播，振荡的电场在周围产生振荡的磁场，振荡的磁场又在周围产生振荡的电场，如此循环往复向远处传播。这个电磁振荡传播的速度是固定的，真空中的电磁波速 $c = \dfrac{1}{\sqrt{\varepsilon_0 \mu_0}}$，只与真空介电常数和真空磁导率有关。真空中的光离开了光源，就以这个固定速度传播，这个传播的速度并不因光源运动的快慢而加快或减慢。那么我们可以知道，光作为一种波动，与声波一样，光速与光源的运动速度无关。这是由电磁学原理和光的电磁波本性决定的。

由于光速实在太快了，对这一结论的实验验证是不太容易的。然而，还是得到了一些证据的支持。

（1）光行差的观测证据。

对恒星光行差的观测表明，不同距离恒星的光行差都相同，而且任意恒星的光行差都长期保持不变，说明光行差不随时间和距离改变。所以所有恒星发出的光的速度都相同，也不随时间变化。

（2）蟹状星云的观测证据。

蟹状星云（见图 4-30 及彩插）位于金牛座，是北宋时期一颗超新星爆发的遗迹，距离地球约 6500 光年，直径达 11 光年，并以约每秒 1500 千米（0.005c）的速度膨胀。史书《宋会要》记载了北宋司天监对这颗超新星（客星）爆发时的观测记录：公元 1054 年 7 月 4 日（宋仁宗至和元年农历五月二十六）早晨，一颗很亮的客星在猎户座上方的天关星附近突然出现。这颗星在开始的 23 天中非常之亮，在白天也能在天空看到它，随后逐渐变暗，直到 22 个月之后，肉眼才看不见。这正是超新星四散飞溅的爆发物质温度日益降低的表现。

地球上看到的强光来自于超新星面向地球方向的爆发物质。如图 4-31 及彩插所示，假设光速按照经典的速度合成律与光源运动速度相合成，那么地球上看到的亮光的速度将由从 c 到 $c+0.005c$ 的各种速度组成（向反方向飞溅的爆发物质地球上基本看不见）。超新星初始爆发时产生的强光将在 $L/(c+0.005c)$ 到 L/c（$L = 6500$ 光年）这一段时间先后到达地球，其持续时间至少为 32 年，这与历史记录爆发后一年多肉

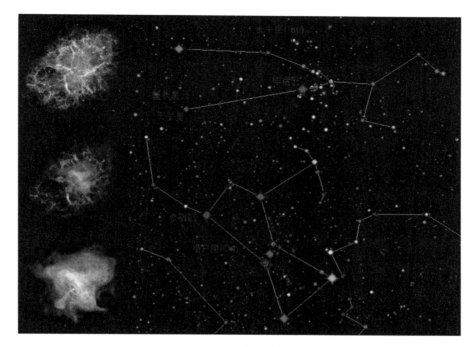

图 4-30   蟹状星云

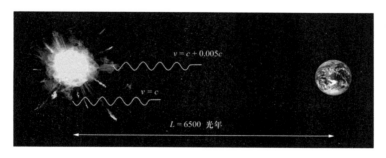

图 4-31   超新星爆发

眼就看不见了相矛盾，说明光速并不遵从经典的速度合成律。

（3）双星的观测证据。

双星是由两颗恒星围绕共同的质心以相同周期旋转而组成的恒星系统。1913 年荷兰科学家德西特观测和研究了双星系统，他提出如果双星朝向地球运动与远离地球运动时发出的光速度不一样，就会出现一些很奇特的现象。

如图 4-32 所示，假设双星的绕转周期为 $2T$，到地球距离为 L，一颗子星于时刻 0 在 A 处以速度 v 朝向地球而来，地球上看到它发出的光速度为 $c+v$，该子星经过半个周期后（时刻 T）转过半圈到 B 处以速度 v 远离地球而去，地球上看到它发出的光速度为 $c-v$，那么地球上观察到子星经过 A，B 两处的时刻分别为 $L/(c+v)$ 和 $T+L/(c-v)$。注意到 $T+L/(c-v) > L/(c+v)+T$，就是说地球上观测到子星从 A 到 B 的时间大于半周期 T。于是地球观察者会看到奇怪的运动：子星从 A 缓慢运动到 B，然后却由 B 很快运动到 A，两个半圆周的运动时间是不相等的。也可能 B 处发出的光线与子星再次到达 A 处发出的光线同时到达地球，那么地球上某一时刻就会同时看到该子星的两个像，双星就会变成四颗星。甚至可能发生 B 处与 A 处出现的次序颠倒过来等等各种怪异的现象。

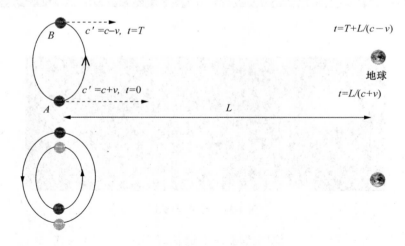

图 4-32　双星的观测

然而在实际的观测中并没有发现双星运动忽快忽慢等各种上述的奇特现象。德西特假设双星朝向与远离地球发出的光速度为 $c \pm kv$，并根据御夫座 β 星（五车三，其主星和伴星组成一个分光食双星）的观测数据

算出 k 值应该小于 0.002。他得出结论，光速与光源的运动速度应该没有关系。1914 年，泽赫伦对双星的观测做出估计，得出 k 值应该小于 10^{-6}。1977 年，布雷彻观测双星的 X 射线光谱，得到 k 值的新上限为 2×10^{-9}，在更高的精度上证实了光速与光源的运动速度无关。

然而，根据厄瓦耳和俄辛的消光效应，有学者认为，这样的双星系统通常为气体云所包围，我们所观测到的来自双星系统的光实际上是被气体云先吸收，然后再辐射出来的，所以穿越星际空间的光的速率并不受原始光源运动的影响。不过，随后对地面上高速运动的光源进行了实验，这才以令人信服的方式证实了光速确实与光源运动速度无关。

（4）地面高速运动光源测光速实验。

这个实验是最明确的检验相对论光速不变假设的实验。1964 年，在瑞士日内瓦的欧洲联合核子研究中心，使用由不稳定粒子中性 π 介子组成的辐射源，以 99.975% 倍光速的速度行进（见图 4-33），实验测得沿运动方向发射的光子速度为 $(2.9977 \pm 0.0004) \times 10^{8}$ 米/秒。这一数值同对静止辐射源测得的最佳 c 值极其一致，实验误差为 1.3×10^{-4} 左右。这个实验以非常漂亮的结果证实了高速运动光源发出的光的速度依然是 c。

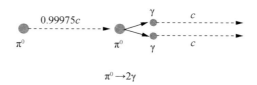

图 4-33　高速光源发射光子速度仍为 c

§4-4　光速与观察者的运动无关

在上一节中，我们知道光速与光源的运动无关。那么如果光源不动，观察者相对光源运动，观察者观察到的光速会如何变化呢？

两艘宇宙飞船在星际空间中做自由运动，这两艘飞船是对等的，人们无法区分两艘飞船哪一艘是运动哪一艘是静止的。如图 4-34 所示，假设在两艘飞船上分别有甲、乙两个观察者。甲相对其所在的飞船惯性系 K 保持静止状态。乙相对自身所在的飞船惯性系 K' 也保持静止状态。乙相对 K 系或者甲以 1 万千米/秒的速度向前运动。K 系中有两个静止光源 A 和 B 分别位于乙的前方和后方向乙发出光线。相对 A，乙做靠近光源运动；相对 B，乙做远离光源运动。

图 4-34　静止与运动的观察者

　　在甲看来，光源 A 和光源 B 发出的光相对甲的速度都是 30 万千米/秒，而光源 A 发出的光相对乙的速度变快了，变为 31 万千米/秒，光源 B 发出的光相对乙的速度变慢了，变为 29 万千米/秒。于是甲认为乙观察到 A 发出的光的速度是 31 万千米/秒，B 发出的光的速度是 29 万千米/秒。

　　但是根据子非鱼思想，"子非鱼，安知鱼之乐"，甲不是乙，怎么能用自己的观察代替乙的观察呢？甲的观测结果并不能代表乙的观测结果，二者完全有可能是不一样的。那么乙观察到光源 A，B 发出的光速是多少呢？

　　根据相对性原理，两艘飞船上的物理定律是一样的。在 K 系中光速与光源的运动无关，在 K' 系中光速也与光源的运动无关。因此在乙看来，尽管光源 A 在朝向乙运动，光源 B 在远离乙运动，但是光源 A 和光源 B 发出的光在惯性系 K' 中具有相同的速度，这一速度是固定的，由电磁学规律决定，与 A，B 的运动速度无关。

　　甲和乙观察到的光速都是固定值，那么这两个固定值是否相等呢？根据麦克斯韦的电磁理论，电磁波在真空中的传播速度为 $c = 1/\sqrt{\varepsilon_0 \mu_0} \approx$

3.0×10^8 米/秒，其中 $\mu_0 = 4\pi \times 10^{-7}$ 牛顿/安培^2 为真空磁导率，$\varepsilon_0 \approx$ $8.854\,187\,881\,8 \times 10^{-12}$ 库仑^2/(牛顿·米^2)为真空介电常数，这个速度 c 是一个普适常数。惯性系 K 和 K' 中具有相同的电磁学规律，必然具有同样的光速。

按照子非鱼思想，两个惯性系中的光速也可以不同。在第六章我们将看到两个惯性系中如果有不同的光速，它们之间的时空变换将出现两个光速，且两个惯性系间相互观察对方远离的速度也将不同，这增加了不必要的复杂性。这种不同只是单位制的不同，可以通过适当定义时间和长度的单位来消除。现代国际单位制规定铯 133 原子基态的两个超精细能级之间跃迁对应辐射的 8 192 631 770 个周期的持续时间定义为 1 秒，定义 1 米为光在真空中于(1/299 792 458)秒内行进的距离，这样通过单位制的约定，在任一惯性系中，光在真空中的速度都是 299 792 458 米/秒。在天文学中时间以年为单位，距离以光年为单位，光速的大小就是 1(光年/年)。

在乙看来，A 和 B 是运动的光源，其发出的光速与光源的运动速度无关。在甲看来，A 和 B 是静止的光源，而乙以 1 万千米/秒的速度向前运动，是一个运动的观察者。因此，真空中的光速与光源的运动速度没有关系，同时与观察者的运动速度也没有关系，这是由相对性原理和电磁学规律决定的。（根据电磁学理论，光速与光源的运动无关；根据相对性原理，不同的惯性系内具有相同的光速）

我们在上一节中用声波和水波的类比说明了在静止媒介中波速与波源的运动速度无关。但是当观察者运动时，会观察到声波和水波的速度发生变化。这一类比不再适用于光波的情形。因为当观察者运动时，声波和水波的媒介（空气和水）并没有和观察者一起运动，运动与静止的观察者所处环境并不对等。而光作为电磁波在真空中靠自身传播，并不需要媒介，真空惯性系中运动与静止的观察者在物理上所处环境是平等和对称的，两个观察者都会观察到固定的光速。

很多人可以接受光速与光源的运动速度无关，却难以接受光速与观察者的运动速度无关，主要是因为还在用绝对时空观思考问题，不能把甲对乙的观察结果与乙自己的观察结果区分开来。天气变暖了，人们都换上薄衣服，一个小男孩问一个小女孩："你怎么还穿着羽绒服？"小女孩无奈地说："有一种冷叫你妈觉得你冷！"，这个生活故事很能说明道理。

第五章　相对时空观

相对时空观以及在相对时空观基础上诞生的相对论是经典物理学走向近代物理学的标志。

§5-1　绝对时空观的困境

绝对时空观符合很早以前人们的朴素观察，大地静止，山峰永恒不动，太阳每天照常升起。"天不变，道亦不变"，人们以为存在着绝对不变的空间和时间，天地万物会按照不变的规律，稳定永恒地运行下去。但是随着科技的发展，人类观察能力的提高，人们发现地球在转动，山脉在变迁，珠穆朗玛峰每天都在增高，地球的自转速度每天也在变化。人们生活在无尽的运动变化之中。

牛顿尝试通过某一绝对不动的物体作为参考来理解物体的绝对运动，或者说通过某一绝对不动的物体来建立不可移动的绝对空间。然而，宇宙中所有的物质都处于永恒不止的运动中，我们找不到一个绝对静止的参照物。人们做过很多实验，一直没能发现和观察到绝对运动，没有任何证据能表明牛顿绝对空间的存在。相对性原理认为惯性系之间是完全等价的，静止和匀速运动的惯性系不可区分，说明了绝对静止是不存在的，也是没有意义的。如果一个物体是绝对静止的，那么根据相对性原理，我们把相对它做匀速直线运动的另一个物体也可以当作绝对静止的，二者在物理学上不可区分，那么绝对的静止还有什么意义呢？古希腊哲学家赫拉克利特有一句话："人不能两次踏进同一条河流。"当人再次踏进河流时，河流已经不是上次的河流了。空间与时间密不可分，一定的空间总是与一定的时间联系在一起的。短时间内看起来不变的空间，如果拉长时间的跨度，就会有天翻地覆、沧海桑田的变化，例如世界最高山脉喜马拉雅山所在的地方在远古时代曾经是一片汪洋大海（见图 5-1）。

图 5-1　喜马拉雅山所在地曾是海洋

刘勰在《文心雕龙》里说"思接千载，视通万里"，是说通过对知识的学习，人的思维可以穿越时间和空间，能够了解和思考千年之外发生的事情，能够看到和感知万里之遥的世界。但是如果没有大脑的神经活动，人的思维就会立刻停止。时间和空间都不可能离开物质和物质的运动而单独存在。没有物质和运动，空间和时间就无从谈起。空间是物质存在的表征，时间是物质运动的表征。

时间是和物质的运动密不可分的。如果不通过对物质运动的观察，我们无从得到关于时间的任何线索。但是牛顿的绝对时空观把时间和物质及运动隔绝开来，认为时间是绝对的，与物质和空间无关的。马赫说："绝对时间是一种无用的形而上学概念"，"它既无实践价值，也无科学价值，没有一个人能提出证据说明他知晓有关绝对时间的任何东西。"

庞加莱在 1906 年出版的《科学与假设》中说："没有什么绝对的空

间，我们所理解的不过是相对的运动而已，绝对时间也是不存在的，所谓两个事件经历的时间相等，这种说法是毫无意义的。"

根据电磁学理论，真空中的光速为常数，与光源的运动无关；根据相对性原理，不同惯性系里的电磁学规律是一样的。那么不同惯性系里的光速都与光源的运动无关。但是按照绝对时空观，如果一个惯性系 K' 相对另一个惯性系 K 以速度 v 运动，那么两个惯性系相互之间保持伽利略变换关系，沿着速度 v 方向或反向的光速按照同向相加反向相减的规律进行合成，不可能两个不同惯性系里的光速都为常数。这表明，电磁学中的光速理论与绝对时空观发生了矛盾。

在牛顿力学中，牛顿第二定律的公式 $F = ma$ 经过伽利略变换后具有相同的形式，也就是说牛顿第二定律具有伽利略不变性。然而，在电磁学中，麦克斯韦方程组却不具有伽利略不变性，在经过伽利略变换后无法表示成同样的形式。人们发现麦克斯韦方程组在洛伦兹变换下具有不变性。伽利略变换在电磁学中碰到了问题，而伽利略变换是绝对时空观的数学表述，这表明了绝对时空观与麦克斯韦电磁理论的冲突。

种种线索表明，绝对的空间和绝对的时间并不存在，绝对时空观与电磁学理论以及相对性原理发生了严重的冲突。爱因斯坦选择了放弃绝对时空观，提出了相对时空观，并在此基础上进一步发展得到了狭义相对论。

英国诗人蒲伯写了一首短诗来赞美牛顿：

　　自然和自然的规律隐藏在黑暗之中，

　　上帝说：让牛顿降生吧！

　　于是一片光明。

另一个英国诗人斯奎尔也写了一首短诗来作为回应：

　　可是好景不长，

魔鬼吼道：哦，让爱因斯坦去吧！

于是黑暗重新降临。

斯奎尔是说爱因斯坦修正了牛顿的理论，却让世界重新变得难以理解。确实，相对论的思想极大地改变了人类对宇宙和自然的常识性观念，在很长一段时期内难以被人理解和接受。这是因为人们长期在绝对时空观下以自我为中心进行一元化思考，认为只有一个空间，只有一个时间，以为别人的时间和我的时间是一样的，如果不一样，把钟表调一下就可以了，很难跳出自我中心的思维模式。如果用子非鱼思想进行换位思考，就会发现相对时空观和相对论思想是非常自然而容易理解的，世界仍然一片光明。

§5-2　时间相对性

5-2-1　时间的度量

时间是运动的表现，若万物皆静止，也就观察不到时间的流逝。人们常常寻找一些相对比较均匀的运动来记录时间流逝的多少。不均匀的运动也能用来计时，但是会带来很多复杂性和不方便。

通过观察太阳的视运动，古人形成了年和日的时间概念。又通过日晷把一日划分，得到时辰的概念。但是日晷在阴天和晚上不能工作，而且快慢不均匀。日晷显示的时间就是"不均匀时间"，它们并不均等而且随着季节变化，北半球夏季白天长，晷盘的刻度上一格所指示的时间就比冬季更长。这种"不均匀时间"在日本直到 19 世纪还在使用，而且还要不断地调整机械时钟与之相对应。

为了得到均匀而精确的时间，古人又发明了燃香计时和刻漏计时等多种计时方法。后来又出现了更精确的机械时钟和电子钟（见图 5-2）。到了现代，通过原子钟可以得到极为精确的计时。

图 5-2　计时设备

刻漏又称滴漏或漏刻，通过多级漏壶供水来得到均匀的水滴，受水壶水位上升推动箭尺上浮，从箭尺的刻度线上得到均匀的计时（见图 5-3）。

图 5-3　刻漏计时

我们使用有刻度的量筒来做刻漏的受水壶，直接通过水位的增长来反映时间的流逝，同时指定一条刻度线为零点，就可以有负数的时间，这样就得到一个时间的数轴（见图 5-4）。这样做的好处是随着时间的流逝，刻度是向上增长的（箭尺虽然是向上浮，但是刻度是向下的），而且可以根据需要设定零点，表示负的时间。用这种刻漏来表达时间更加直观方便，我们后面将会使用这种时间的表示方式。

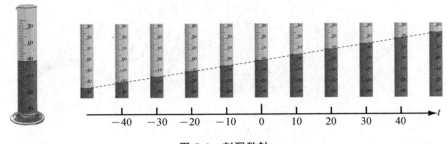

图 5-4　刻漏数轴

　　根据光速不变原理，可以设计一个理论上的光子钟。如图 5-5 所示，上下两面反射镜保持固定的距离，光子在两面反射镜之间来回反射。由于光速和反射距离是固定的，所以光子来回反射一次的时间是固定的，可以用光子在两面反射镜之间往返的次数来记录时间的流逝。我们假设光子来回一次为一个"滴答"的时间，反射镜距离为 15 厘米，光速为 30 万千米/秒，那么一个"滴答"的时间就是 10 亿分之一秒，每秒钟能产生 10 亿个"滴答"。这是一个理想的时钟，如果需要，我们可以缩短两面反射镜之间的距离来得到更短的时间。

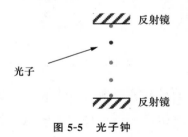

图 5-5　光子钟

　　在宇宙中，发生周期性光度变化的天体可以作为天然的超精确时钟。迄今发现的最为精确和稳定的"天钟"是美国和巴西天文学家于 1974 年发现的一颗位于幼狮座，年龄在 4 亿年左右的脉动白矮星 G117-B15A。天文学家对它进行了长期的观测研究，其光变曲线有一个 215.2 秒的周期，这个周期极其稳定，平均 1400 万年才会误差 1 秒。有些毫秒脉冲星可能比 G117 更加精确，但它们并不稳定。

目前世界上最精确的时钟是由美国国家标准与技术研究所（NIST）和科罗拉多大学共同创建的美国天体物理联合实验室（JILA）在 2014 年 1 月研制出的"锶晶格钟"（全称锶原子光晶格钟）。锶晶格钟每秒钟能产生 430 万亿个"滴答"，运行 50 亿年才会产生 1 秒误差。这一精度记录将来还有可能会被打破。

时间的流动是单向的，早上一觉醒来，太阳照常升起，一切似乎依旧，仿佛又回到昨天早上，但是时间却已经一去不复返了。这被很多人认为是由热力学第二定律决定的：温度只能自发地由高温物体传到低温物体，镜子碎了不会复原，在热力学中直观的解释是熵只能增加不会减少。这些不可逆转的运动，决定了时间的流动是不可逆的。

5-2-2　时钟的同步

通过时钟，我们能够指示和记录与时钟所在同一地点发生的不同事件的时间。在一定精度范围内，我们可以用一个时钟来获得该时钟附近发生事件的时间。在不同的地点通常使用不同的时钟来计时，但是这些时钟之间需要进行校准或同步。

我们考虑惯性系中不同地点的静止时钟。假设在惯性系空间中每一个点处都有一个很小的静止时钟以指示该点的时间，校准这些时钟最简单的办法就是选定一个地点的时钟作为基准时钟，以光信号向不同地点播送时间。假设某地点到基准时钟的距离为 L，基准时钟在时刻 t 发出光信号，那么该地点接收到光信号的时刻为 $t+L/c$，以此来校准各地的时钟（见图 5-6）。

这种基准时钟对钟的方法可以使得惯性系内各个地点的时钟与基准时钟保持一致，但是需要知道该地点与基准时钟的距离和光速的准确值。在以前不知道光速准确值的时候就很难进行准确的对钟。这时就可以使用中点对钟（见图 5-7），在待校时钟与基准时钟位置的中点产生一个闪光，两个时钟同时接收到闪光，根据基准时钟接收到闪光的时间就可以确定待校时钟的时间。

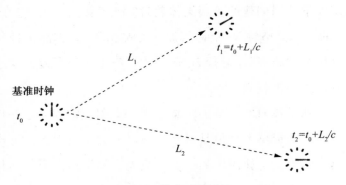

图 5-6　基准时钟对钟

图 5-7　中点对钟

　　爱因斯坦提供了一种对钟方法，不需要知道时钟之间的距离和光速的具体大小。如图 5-8 所示，假设基准时钟位于 A 点，需要校准的时钟位于 B 点，于时刻 t_A 从 A 点发射一束光线到 B 点，到达时刻为 t_B，然后光线从 B 点反射回 A 点，到达时刻为 t_A'，那么

$$t_B - t_A = t_A' - t_B,$$

可得

$$t_B = (t_A + t_A')/2 。$$

于是我们知道，光线到达 B 点的时刻为 $(t_A + t_A')/2$，以此方法可以根据基准时钟来校准 B 点的时钟。由于 A，B 两点始终静止不动，因此这种方法是稳定可靠的。

图 5-8　爱因斯坦对钟

如果两个点的距离相距很远，在两点之间校准时钟就需要很长的时间。无论如何，我们可以在惯性系中任意两个点之间建立时钟的同步。这样我们就在惯性系中建立起统一的时间系统。

5-2-3　事件的同时性

我们假设在惯性系中每一点处都有一个很小的静止时钟以指示该点处的时间。对于在惯性系空间中同一个点处发生的两个不同事件，如果事件发生时该点处的时钟读数是相同的，我们就认为这两个事件是同时发生的（见图 5-9）。当一个地点发生雷击时，雷声和闪电在该点就是同时发出的。

图 5-9　同一地点两个事件同时发生

在已经建立了时钟同步的惯性系中，如果两个事件分别在两个点发生，而这两个点的时钟在事件发生时的读数是相等的，那么我们也认为这两个事件是同时发生的（见图 5-10）。

图 5-10　不同地点两个事件同时发生

在同一个惯性系中，事件的同时性是一种等价关系，它满足下面三条性质：

（1）反身性。A 和 A 自身等价。

（2）对称性。如果 A 和 B 等价，那么 B 和 A 等价。

（3）传递性。如果 A 和 B 等价，B 和 C 等价，那么 A 和 C 等价。

如果事件 A 和事件 B 同时发生，那么事件 A 和事件 B 发生处的时钟所指示的时间 $t_A = t_B$。事件 B 和事件 C 同时发生，那么事件 B 和事

件 C 发生处的时钟所指示的时间 $t_B = t_C$。因此 $t_A = t_C$，于是知道事件 A 和事件 C 同时发生。

在数学上，同时发生的所有事件按照等价关系形成一个等价类，可以用事件发生的时间 t 来代表。如同自然数的产生过程：物体数量的相等是一种等价关系，一棵树、一只羊、一粒石子等等各种一个物体，在数量上是等价的，它们共同成为一个等价类，用数字 1 来代表。两匹马、两头牛、两个苹果、两粒石子等等各种两个物体，在数量上是等价的，它们共同成为一个等价类，用数字 2 来代表……这样就产生了自然数。可以理解，在同一惯性系中，时间是同时发生的所有事件的等价类。

我们观察一列通过站台的火车，火车上固定点 P 处有两个事件 A 和 B 同时发生。假设在站台上观察事件 A 和事件 B 发生的时刻分别是 t'_A 和 t'_B。如果 $t'_A \neq t'_B$，那么火车上的 P 点在这两个时刻分别经过站台上不同的位置 P'_A 点和 P'_B 点。在火车上观察，事件 A 和事件 B 发生时站台上的两个不同点 P'_A 和 P'_B 分别经过点 P，这不可能同时发生。因此一定有 $t'_A = t'_B$，也就是说在站台上观察事件 A 和事件 B 也同时发生。由此可知，同一地点发生的两个事件的同时性是不依赖于观察者的，与具体参考系无关。

对于不同地点同时发生的两个事件，在后面将看到情形会不一样，有可能在一个参考系中观察两个事件是同时发生的，而在另一个参考系中观察并不同时。

5-2-4　同时的相对性

太阳到地球的平均距离约 1.5 亿千米，从太阳发出的光线到达地球需要经过 500 秒左右，约 8.3 分钟。月亮距离地球约 38 万千米，经月亮反射的光线到达地球需要经过约 1.3 秒。如果我们看到太阳和月亮同时出现在天空（见图 5-11），其实并不是真正的同时，太阳是 8.3 分钟以前的太阳，月亮是 1.3 秒以前的月亮。我们当前看到的位置也不是它们现在所在的位置，而是一段时间以前的位置。

图 5-11 日月同辉

一代女皇武则天为自己取了一个名字叫武曌。"曌"是武则天特意造的一个字，表示日月同时凌空，普照大地，阴阳统一。一般认为太阳在白天出来，月亮在晚上出来，实际上白天经常也是能看到月亮的，日食更是太阳和月亮出现在了天空同一位置。但是地球上看到的太阳和月亮永远都不是"同时"的，只有在太阳和月亮连线的中垂面上才能够真正看到同时的太阳和月亮，这个太有难度了。不过现代人通过发射太空探测器已经可以达到这一目标。

我们观察远处的物体时，物体会在眼睛内的视网膜上形成一个快照（见图 5-12），我们通过这个快照来感知物体的形状、颜色、大小、方位等。照相机拍照也是用同样的原理在相机底片（数码相机则是 CCD 或 CMOS 感光芯片）上形成快照。通常我们会认为物体的各个部分是同时形成快照的。但是，当物体尺度较大时，物体的各个部分到人眼的距离是不一样的，由于光速有限，同时到达人眼的光线实际上是在不同时刻从物体的不同部分发出的。

夸张一点，如图 5-13 所示，假设有一列静止停放的时间火车，长度为 2000 光年，车尾在地球上，车头在 2000 光年远处。我们同时看到车尾和车头，那么看到的车尾是当前的车尾，而车头已经是 2000 年前的车头了。我们同时看到的火车各个部分，其实处于不同的时代，车头在汉朝，接下来车身各个部位依次在三国、晋、南北朝、隋、唐、宋、元、明、清等各个朝代。如果在火车上各个位置都有窗户可以看到里面的人，我们从窗户里看到的将是不同朝代的人。如果在火车上从车头至

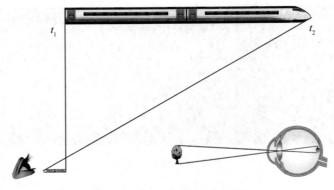

图 5-12　视觉快照

车尾放上一列同样的香，同时点燃进行燃香计时，那么我们看到不同远近位置处香的高度并不一样，这些不同的高度直观显示了时间的分布。我们用刻漏代替燃香，使得时间显示的方式更像是一个坐标轴。

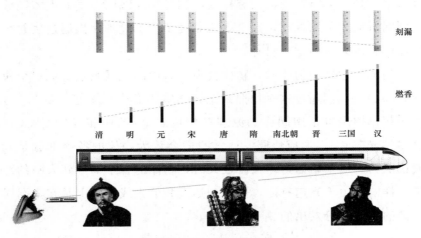

图 5-13　时间火车

　　如图 5-14 所示，假设火车在 x 轴上，观察者在 y 轴上与火车距离为 d，观察者于时刻 t_0 接收到火车上横坐标为 x 处一点于时刻 t 发出的光。那么 $c(t_0-t)=\sqrt{d^2+x^2}$，有 $t=t_0-\sqrt{d^2+x^2}/c$，这就得到观察者看到的时间火车上的时间分布图。这是双曲线的一支。

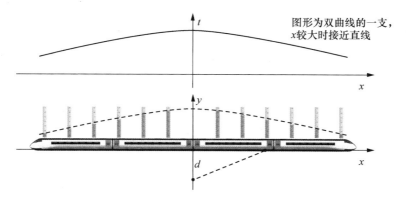

图形为双曲线的一支，
x较大时接近直线

图 5-14 观察者看到时间火车上的时间分布图

　　人们常常用"关公战秦琼"（见图 5-15）来形容时空错位而不可能发生的事情。但是在时间火车上，我们可以同时看到三国时期的关公和隋唐时期的秦琼。如果一个人说"我昨天见到三国名将关羽了，还跟他打了一个招呼"，人们一定会嘲笑他，觉得他是痴人说梦。但是如果一个天文团队说发现了一颗 500 年前（500 光年外）的太阳系外行星，并尝试与该星进行无线电通讯，人们就会觉得可以理解了。

图 5-15 关公战秦琼

事实上，天文学家通过 NASA 的开普勒太空望远镜于 2014 年 3 月发现了一颗迄今为止最有可能适宜人类居住的太阳系外行星 Kepler-186f。Kepler-186f 位于天鹅座（Cygnus），离地球大约 500 光年的距离，各种环境条件与地球最为接近。研究人员尝试接收来自 Kepler-186f 的无线电波以分析是否存在外星智慧生命相关讯号。2008 年，英国 RDF 电视公司联手英国最大的社交网站 Bebo 启动了一项叫做"地球呼唤"（Earth Call）的项目，共同向距地球 20 多光年、理论上适宜人类居住的"Gliese 581C"行星发送电视信号，该电视信号携带有来自地球的 500 条信息。人们一直在尝试与外星球进行跨时空的沟通。

我们把尺度缩小，观察日常生活中的每一个物体。我们看到的物体，已经是以前的物体了，不是现在的物体，而且实际上同一时刻我们看到任何一个物体的各个部分严格来说都是来自不同的时间。"关公战秦琼"这样的事情，无时无刻不在发生，只是这个时间差很小，我们难以察觉而已。

同时看到的事情不是同时发生的，这让我们非常吃惊，原来我们一直生活在同时性错觉当中。这种错觉是由于光速有限所产生的时间延迟造成的。我们的直觉并不靠谱，常常误把同时观察到的事情当作同时发生的事情，二者其实是不一样的。我们在物理上更关注同时发生的事情，一般说两个事件是同时的实际上指的是这两个事件同时发生。之所以花费不少笔墨描述这一错觉，是为了通过对比使读者对同时的相对性产生直观而深刻的印象。

要想获知整个火车上同一时刻的状况，记录下火车上同时发生的事情，我们需要沿着火车在每一个点都放置一个微型相机，同时拍下快照，然后再组合这些快照得到一个全局的图像。但是，把 2000 光年外的照片用光信号传过来也需要 2000 年的时间，要到 2000 年后才能得到火车现在的全貌。

理论上我们可以在空间任一点都放置一个微型相机，只拍摄该点的快照，那么我们可以得到任一时刻同时发生事件的全貌。我们把这种拍照方式叫做分布式快照，而把前面单个点的拍照方式叫做单点快照。单点快照拍到的只是由于光速有限而造成的时间延迟效应，分布式快照拍到的才是空间各部分同一时刻的真实图像。似乎使用分布式快照的方式我们就可以真正拍到火车上同时发生的全部事件，得到火车同一时刻的全局图像，因为每一点拍下的快照都没有延时。如果火车静止，这是没有问题的。但是如果火车运动起来，我们会发现，这种方法也有问题。

如图 5-16 所示，假设在紧挨着火车的站台上有 A，B 两个相机，为了让 A，B 同时拍照，我们使用中点对钟法，在 A，B 的中点 M 处产生一个闪光，闪光发生时 M 点与火车上 M' 点重合，A，B 接收到闪光后拍下一个快照。这样，在站台参考系 K 中，可以认为二者是同时拍照的。

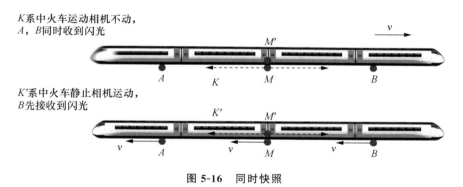

图 5-16 同时快照

火车向右运动，在火车参考系 K' 中观察者则看到相机 A，B 向左运动，而闪光以 M' 点为中心以光速向四周传播。相机 B 在向闪光点靠近，相机 A 在远离闪光点，因此 B 将先接收到闪光。也就是说，火车上的观察者看到的是 B 先拍照，A 后拍照，而不是同时拍照。因此 A，B 拍下的快照在站台参考系 K 中认为是同时的，而在火车参考系 K' 中并不同时，B 拍下的快照在火车上要先于 A 拍下的快照。假设 A，B 拍到的都是火车上的时钟，那么 B 拍到的时钟读数要早于 A 拍到的时钟读数，如同前面单点快照的例子，B 拍到了关羽，而 A 拍到了秦琼（见图 5-17）。我们在后面将进行定量的分析。

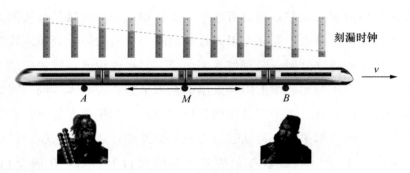

图 5-17　站台上的相机拍摄运动火车上的时间

　　用刻漏来表示站台上不同位置处同时拍到的火车上的时钟，我们就得到一个火车上时间分布的图形，火车前方的时钟指示更早的时间。这一图形与单点快照观察静止的时间火车时有些相似。但是二者是不一样的。一个是静止的火车，一个是运动的火车；一个是单点快照，一个是分布式快照；一个是指示同时看到的事件，一个是指示同时发生的事件；一个是距离观察者越远时间越早，一个是火车上位置越前方时间越早。

　　我们看到，在站台上同时发生的事件，在运动的火车上观察并不是同时发生的。同样，在运动火车上同时发生的事件，在站台上观察也并不同时。也就是说，事件的同时性是相对的。在一个惯性系中同时发生的事件，在另一个惯性系中并不一定同时发生。这一现象说明时间具有相对性。时间不是绝对的、与参考系无关的，不同惯性系中的时间并不一样。我们描述一个事件发生于什么时间，一定要说清楚这个事件发生在哪个惯性系中，在惯性系中什么位置。

　　运动火车上同时的两个时钟，在站台上观察并不同时。习惯于绝对时空观思考的人就会想到可能是火车上的时钟不准了，试图把火车上的时钟调整一下来解决问题。由于火车上的时钟在火车参考系中已经是同步的，如果我们试图调整火车上各个位置的时钟来与站台上的时钟同步，那么火车上的时钟在火车参考系中就不再同步。因此，调整时钟的办法是不可行的，我们只能按照子非鱼思想，在各自参考系内保持各自的时间。

运动火车上的单个时钟，其走时的快慢也会发生变化，后面还将深入分析，这里就不描述了。这里只要知道运动火车与站台上的时间不一致，不同惯性系中的时间是相对的，目的就达到了。

§5-3　空间相对性

人们容易接受绝对空间大概是源于地静说时期的思想，大地永恒静止，所有物体都有固定的位置。人有一个固定位置的家，无论走过千山万水，无论走过何种路径，总能回到家里。但是在发现地球的运动之后，这正好是空间相对性的表现。所有貌似固定的位置都是相对地球的位置，再回到同一个地点时，只是相对地球的位置不变，在太阳系中已经不是原来的位置了。地动说带来的不仅是地球在动，而是无所不动，太阳系在动、银河系在动、本星系群在动、本超星系团在动，所有的物体都在动。绝对空间并不存在。所有的位置都是相对的，一个物体的位置只有相对某一个参考物或者参考系才有意义，在不同的参考系中具有不同的位置。物体在一个参考系中静止在另一个参考系中却是运动的，静止只具有相对意义。

在绝对时空观里，从不同的惯性系观察，同一个物体的大小尺寸是不变的，那就是绝对的大小，或者说绝对静止参考系里的大小。但是绝对空间是不存在的，根据子非鱼思想，不同的惯性系里对同一物体的观察结果是有差别的，其大小长短不一定相同。

我们在观察物体的时候，会有近大远小的现象，同样大小的两个物体，近的看起来比远的要大些。两个身高相等的人离开一定距离互相观察，都会觉得对方比自己矮。这种观察结果的差异可以通过几何学来纠正，我们现在把它当作一种错觉。这种错觉给我们一个启示，大小的相对关系可能并不是绝对的，A，B 两个物体在一个参考系里观察可能 A

比 B 大，但是在另一个参考系里却是 B 比 A 大（见图 5-18）。

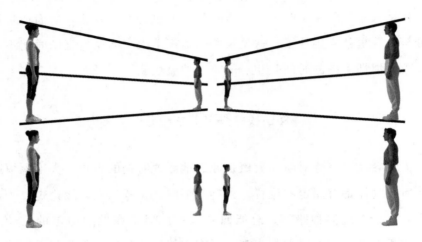

图 5-18　高矮相对性

　　大小关系是重要的，动物会根据对手的个头大还是小来决定进攻或者逃跑。在电影《上帝也疯狂 2》中，非洲小孩就通过举起树皮让自己显得高一些来吓退鬣狗的进攻（见图 5-19）。

图 5-19　非洲小孩与鬣狗比高

我们观察静止在公路上的汽车时，无论是肉眼还是照相观察，都是单点快照的方式，观察到汽车各部分的位置是视觉位置。虽然同时观察到的汽车各部位分别来自不同的时间，但由于汽车静止，各部位的位置没有发生变化，所以我们观察到汽车的长度是真实的长度。

　　如图 5-20 所示，假设汽车位于 x 坐标轴上，我们在时刻 t 观察到车尾的位置是 x_1，车头的位置是 x_2，观察到车尾的时钟指示为 t_1，车头的时钟指示为 t_2。尽管观察到的车头来自于更早的时间，$t_2 < t_1$，但是由于汽车静止，车头到了 t_1 时刻位置还是在 x_2 处保持不变，因此汽车的真实长度 $x_2 - x_1$ 保持不变。

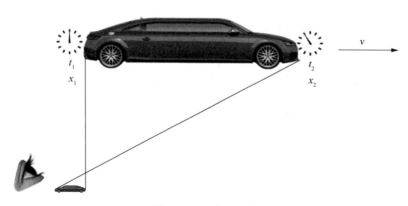

图 5-20　动车不知长

　　如果汽车在公路上向前运动，那么 $x_2 - x_1$ 就不能代表汽车的真实长度，车头在 t_1 时刻比 t_2 时刻往前走了，应该处于比 x_2 更前方的位置，因此汽车的真实长度应该大于 $x_2 - x_1$，我们观察到的汽车长度缩短了。如果我们能够预测车头在 t_1 时刻的位置，就可以计算出运动汽车的真实长度。但如果汽车做变速运动，位置无法预测，我们通过这种观察实际上不能知道汽车的真实长度。

　　那么我们采用分布式快照的方式，在公路沿途布满微型相机，对汽车的各个位置零距离同时拍照，没有时间延迟，总能拍下汽车的真实长度了吧？这样消除了光线传输延迟的影响，拍下了车头和车尾在公路参考系中同一时刻的真实位置，那么观察到车身的长度也应该是真实的长度吧？但是我们在上一节图 5-17 部分揭示的情形中看到，虽然在公路参考系里是同时拍的快照，但是拍到汽车上的时钟仍然并不同时，拍到车头处的时钟时间要早于车尾处的时钟时间。车头仍然需要再前进一段时间才能达到车尾所指示的时间，这意味着公路参考系里拍到的车身长度还是比静止的汽车长度缩短了（见图 5-21）。

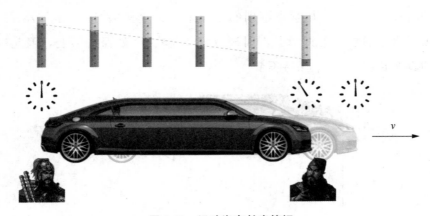

图 5-21　运动汽车长度缩短

　　这里不存在时间延迟的效应，车头和车尾的位置在公路参考系里是严格同时的。运动汽车的车身长度发生了缩短，这正是相对时空观里空间相对性的表现。在相对时空观里，不同惯性系中的空间也是相对的，空间的距离和物体的长度都不是绝对不变的。在一个惯性系中观察运动的物体，物体的长度会发生变化。我们在下一章将会给出准确的结果。

第六章　狭义相对论

1905 年，爱因斯坦发表了著名的论文《论动体的电动力学》，从相对性原理和光速不变原理出发，建立了狭义相对论的基本理论，从此改变了人们的时空观念，为物理学的发展带来了革命性的变化。

§6-1　背景假设

如图 6-1 所示，在浩渺的宇宙空间中有两列星际火车 K 与 K′ 处于无动力自由行驶状态。周围的星系足够远，两列火车的距离也足够远，可以不考虑引力作用，认为 K 与 K′ 是两个惯性参考系。K′ 与 K 相互保持匀速直线运动状态。

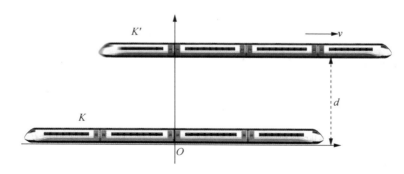

图 6-1　星际火车惯性系

假设火车 K 与 K' 平行，如若不平行的话，可以把 K 旋转到与 K' 平行的位置 K_2，K_2 与 K 相对静止，可以认为是同一个参考系。同理可以假设 K 与 K' 的轨道平面在同一个平面上，垂直方向相同。

在 K 看来，K' 与 K 的距离 d 是一个常量，K' 相对 K 的运动速度 v 也是一个常量，不随时间而改变。

在 K' 看来，K 与 K' 的距离 d' 是一个常量，K 相对 K' 的运动速度 v' 也是一个常量，不随时间而改变。

为了在 K 与 K' 之间交流时间、长度等信息，需要进行一些统一的约定，如同秦始皇统一度量衡。两个参考系必须以某一个度量为标准才能比较任何一个度量。我们在 K 中以 d 作为距离的单位，在 K' 中以 d' 作为距离的单位，这样无论在 K 与 K' 中两者的距离都是同一个数值，不妨设 $d'=d=D$。可以证明，垂直于运动方向上的任何长度在 K 与 K' 中都具有相同的度量（见附录2）。很多文献在介绍洛伦兹变换时直接讲垂直于运动方向上因为没有相对运动所以长度不变，有一点语焉不详，实际上并没有给出证明。我们这样建立了两个参考系之间长度比较的方式后很自然地解决了这个问题。

在 K 中，由于 K' 相对 K 做匀速直线运动，于是可以用 K' 的运动距离来计时，既然已经确定了单位距离，就以 K' 运动一个单位距离的时间作为单位时间，那么 K' 的运动速度 v 就是 1 个单位距离/单位时间。同样，在 K' 中，也可以用 K 运动一个单位距离的时间作为单位时间，那么 K 的运动速度 v' 也是 1 个单位距离/单位时间。我们可以不妨设 $v'=v=V$。

注意到我们事先并不知道 d' 与 d，v' 与 v 是否一定相等，只知道它们都是不随时间而改变的常量，在我们约定了距离和时间的单位后，它们在数值上相等。我们还没有相对运动的观察者之间比较观察结果的标准，因此 $d'=d$ 和 $v'=v$ 可以是一种约定，以此约定作为标准来进行观察结果的比较。

我们约定 $d'=d$ 和 $v'=v$ 后，就可以在 K 系与 K' 系中进行长度和时间的度量并相互交流了。这样约定和定义距离、时间的方式是自然、合理的，符合我们常规的度量方法，也保持了两个参考系之间的平等性和对称性。如果在 K 系的轨道路基上刻上等距的刻度，用这些刻度间距作为单位，也可以度量 K' 系中的距离，但是两个惯性系就不对等了，这会带来很多不方便。

　　还可以用另一种方法来进行时间的比较。注意到根据光速不变原理，在 K 系中的光速 c 是一个与光源运动无关的常量，在 K' 系中的光速 c' 也是与光源运动无关的常量（c 与 c' 只存在单位制的差别），因此可以用光速来定义时间，在 K' 和 K 中都以光经过一个单位距离的时间作单位时间，那么就有 $c'=c$。

　　这两种定义时间的方式是否会有冲突？在附录 2 中我们证明了这两种定义是一致和等价的。如果约定 $v'=v$，可以推导出 $c'=c$。反之，如果约定 $c'=c$，也可以推导出 $v'=v$。因此这两个定义没有区别，我们可以同时约定 $v'=v$，以及 $c'=c$。人们把 $v'=v$ 称作"爱因斯坦条件"，常常当作不证自明的，这是一个误解。

　　为便于讨论，我们对 K 和 K' 中的坐标系也进行一些约定。如图 6-2 所示，在 K 中建立直角坐标系 $Oxyz$，x 轴的方向为 K' 运动的方向，z 轴方向为火车垂直向上方向。在 K' 中建立直角坐标系 $Ox'y'z'$，为了方便，把 x' 轴位置放在火车 K 上，与 K 系的 x 轴重合，y'、z' 轴

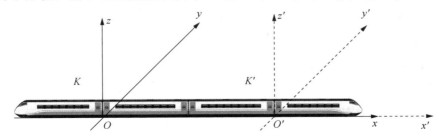

图 6-2　火车坐标系

的方向分别与 y、z 轴相同。这样，坐标系 $O'x'y'z'$ 相对 $Oxyz$ 以速度 v 匀速向 x 轴正方向运动。在 K 中固定一点 O 作为坐标系 $Oxyz$ 的原点，$O'x'y'z'$ 的原点 O' 沿着 x 轴正方向向前运动，在 K 与 K' 中都以 O' 和 O 重合的时刻作为时间的零点进行计时。

通过这些约定，我们可以使问题得到简化，并建立数学模型开始进行讨论。

§6-2　洛伦兹变换

假设在 K 系中，一个事件在时刻 t 发生于 (x, y, z) 位置，在 K' 系中观察到该事件是在时刻 t' 发生于 (x', y', z') 位置。这个事件在 K 系和 K' 中分别可以用 (x, y, z, t) 和 (x', y', z', t') 来进行表示，称为时空坐标。我们希望得到 K' 系与 K 系的时空坐标之间的关系，即坐标变换公式。

由于 K' 与 K 都是惯性系，因此在一个系中观察到的任何一个匀速直线运动，在另一个系中也是匀速直线运动。那么这个变换应该是一次的，它具有下面的形式：

$$
\begin{cases}
x' = a_0 + a_1 x + a_2 y + a_3 z + a_4 t, \\
y' = b_0 + b_1 x + b_2 y + b_3 z + b_4 t, \\
z' = c_0 + c_1 x + c_2 y + c_3 z + c_4 t, \\
t' = d_0 + d_1 x + d_2 y + d_3 z + d_4 t,
\end{cases}
\tag{6.1}
$$

其中各系数都是常数。作者在附录 1 中给出了一个初等的证明。

在经典的牛顿力学绝对时空观里，这个变换具有很简单的，我们很熟悉的形式，就是伽利略变换：

$$
\begin{cases}
x' = x - vt, \\
y' = y, \\
z' = z, \\
t' = t.
\end{cases}
$$

如果 $x=ct$，那么可得到 $x'=(c-v)t'$，可知伽利略变换不满足光速不变原理。

在附录 2 中，我们得到了相对时空观里时空变换的公式为

$$
\begin{cases}
x' = \dfrac{x-vt}{\sqrt{1-v^2/c^2}}, \\
y' = y, \\
z' = z, \\
t' = \dfrac{t-xv/c^2}{\sqrt{1-v^2/c^2}}。
\end{cases}
\tag{6.2}
$$

这个公式由洛伦兹于 1904 年得出，被称为洛伦兹变换公式。

把公式(6.2)中的 v 换成 $-v$，就得到洛伦兹变换的逆变换公式

$$
\begin{cases}
x = \dfrac{x'+vt'}{\sqrt{1-v^2/c^2}}, \\
y = y', \\
z = z', \\
t = \dfrac{t'+x'v/c^2}{\sqrt{1-v^2/c^2}}。
\end{cases}
\tag{6.3}
$$

在附录 3 中可知，惯性系间的变换只有伽利略变换和洛伦兹变换两种。伽利略变换代表绝对时空观，洛伦兹变换代表相对时空观。

§6-3　尺　缩　效　应

如图 6-3 所示，在火车 K 上于时刻 $t=0$ 从原点 O 沿 y 轴向火车 K' 发射一束光线。在火车 K 上观察，K 是静止不动的，火车 K' 以速度 v 相对 K 向右运动。$t=0$ 时，K' 中的 y' 轴与 K 中的 y 轴重合，K' 中的原点 O' 与 K 中的原点 O 重合，在火车 K' 上 y' 轴上的点 P' 与 K 中 y 轴上的点 P 重合。光线垂直于火车 K 以速度 c 沿着 y 轴运动，$OP=d$，那么在时间 $t=d/c$ 时光到达 P 点。此时，K' 上的 Q' 点恰好运动过来与 P

点重合，那么 K' 相对 K 运动的距离为 $Q'P' = vd/c$（见图 6-4）。

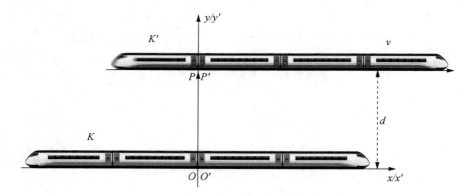

图 6-3　火车 K 向火车 K' 上发射光线

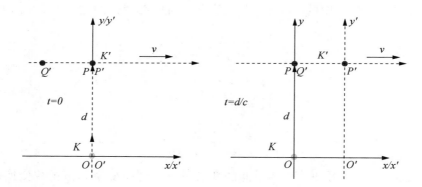

图 6-4　火车 K 静止，火车 K' 以速度 v 向右运动

在火车 K' 上看来，K' 是静止不动的，K 相对 K' 以速度 v 向左运动（见图 6-5）。在 K' 中看来，由于火车 K 的运动，光线是倾斜的，并不是垂直于火车 K 或者 K' 发出的，而是从 O' 点指向 Q' 点（无论是在 K 中观察还是在 K' 中观察，Q' 点接收到光信号这一事实不可改变），当光线经过时间 t' 到达 Q' 点时，K 的 y 轴运动到 Q' 点上，K 中的 P 点恰好运动过来与 Q' 点重合，K 运动的距离为 $Q'P' = vt'$，光线走过的距离为 $O'Q' = ct'$，$O'P' = d$，在三角形 $O'P'Q'$ 中，根据勾股定理可得 $d^2 + (vt')^2 = (ct')^2$，得 $t' = d/\sqrt{c^2 - v^2}$，于是 $Q'P' = vd/\sqrt{c^2 - v^2}$。

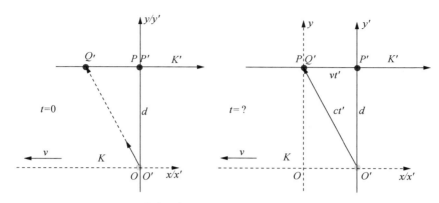

图 6-5 火车 K' 静止，火车 K 以速度 v 向左运动

Q' 和 P' 为 K' 中固定的两个点，相对 K' 静止，在 K' 中观察，其长度为 $s' = vd/\sqrt{c^2 - v^2}$，在 K 中观察，则以速度 v 向右运动，其长度前面给出了，为 $s = vd/c < vd/\sqrt{c^2 - v^2}$，说明运动两点的长度缩短了，其缩短比例为 $\dfrac{s}{s'} = \dfrac{vd/c}{vd/\sqrt{c^2 - v^2}} = \sqrt{1 - v^2/c^2}$。而 $O'P'$ 无论在 K 中还是 K' 中长度都为 d，说明缩短只发生在运动方向上，在垂直于运动的方向上，长度没有发生变化。

以 $Q'P'$ 作为标尺，可以知道 K' 中沿运动方向任意两个固定点的长度在 K 中观察都缩短了，变成原来的 $\sqrt{1 - v^2/c^2}$ 倍。这就是尺缩效应：在惯性系 K 中静止的观察者观察运动的尺杆，尺杆在运动方向上的长度缩短了，缩短比例为 $\sqrt{1 - v^2/c^2}$，在垂直于运动的方向上长度不变。

假设 $V = 0.6c$，那么尺缩因子 $\sqrt{1 - v^2/c^2} = 0.8$，在 K' 系中沿 x' 轴方向长度为 10 米的静止尺杆，在 K 系中观察尺杆为运动的尺杆，尺杆长度缩短为 8 米。尺缩效应也被称为动尺收缩效应。

尺缩效应是相对的。在 K 系中的观察者认为 K' 系中静止的尺杆是动杆，长度收缩了；K' 系中的观察者也认为 K 系中静止的尺杆是动杆，长度收缩了。如果我们从 K' 上往 K 发射光线，重复上面的实验，就可以得到对称的结论。

以上的讨论中我们没有用到洛伦兹变换，因此可以从尺缩效应来得到洛伦兹变换。我们考察 x' 轴上的两个点 $M'(x',\ 0,\ 0,\ t')$ 与原点 $O'(0,\ 0,\ 0,\ t')$，其距离是 $x'-0=x'$，在 K 中的坐标分别是 $(x,\ 0,\ 0,\ t)$ 与 $(vt,\ 0,\ 0,\ t)$，其距离是 $x-vt$，那么

$$x-vt=(x'-0)\sqrt{1-v^2/c^2},$$

由此得到

$$x'=\frac{x-vt}{\sqrt{1-v^2/c^2}}。$$

这正好是洛伦兹变换中横坐标的变换公式。根据对称性我们同样可以得到

$$x=\frac{x'+vt'}{\sqrt{1-v^2/c^2}}。$$

从上面两式消去 x'，得

$$t'=\frac{t-xv/c^2}{\sqrt{1-v^2/c^2}}。$$

这就是洛伦兹变换中的时间变换公式。与附录 2 的数学推理方式相比，我们通过另一种方式得到了洛伦兹变换。

也可以从洛伦兹变换公式来得到尺缩效应。假设 K' 系中沿 x' 轴方向有一静止尺杆，其两端横坐标 x'_1 和 x'_2 在 K' 中都是固定的，那么在 K' 系中尺杆的长度为 $L'=\Delta x'=x'_2-x'_1$。在 K 系中尺杆以速度 v 沿 x 轴正向运动，尺杆两端在 K 系中的坐标是随时间而变的。假设在 K 系中时刻 t 观察其两端横坐标分别是 x_1 和 x_2，那么尺杆在 K 系中的长度为 $L=\Delta x=x_2-x_1$，如图 6-6 所示。根据洛伦兹变换公式得

$$x'_1=\frac{x_1-vt}{\sqrt{1-v^2/c^2}},\quad x'_2=\frac{x_2-vt}{\sqrt{1-v^2/c^2}}。$$

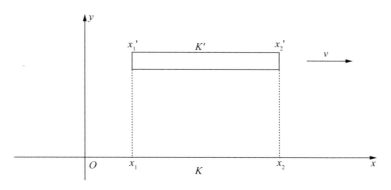

图 6-6 动尺缩短

两式相减得

$$x_2' - x_1' = \frac{x_2 - x_1}{\sqrt{1 - v^2/c^2}} 。 \tag{6.4}$$

因此有

$$L' = \frac{L}{\sqrt{1 - v^2/c^2}}, \tag{6.5}$$

或

$$L = L'\sqrt{1 - v^2/c^2} 。 \tag{6.6}$$

显然有 $L < L'$，运动尺杆的长度缩短了，因此尺缩效应也叫洛伦兹收缩。

假设尺杆两端在 K 中横坐标位于 x_1 和 x_2 时，在 K' 中观察到的时刻分别是 t_1' 和 t_2'，根据洛伦兹变换的时间变换公式

$$t_1' = \frac{t - x_1 v/c^2}{\sqrt{1 - v^2/c^2}}, \quad t_2' = \frac{t - x_2 v/c^2}{\sqrt{1 - v^2/c^2}},$$

得

$$t_2' - t_1' = (x_1 - x_2)\frac{v/c^2}{\sqrt{1 - v^2/c^2}} < 0 。$$

我们发现在 K 系中尺杆两端分别运动到位置 x_1 和 x_2 这两个事件发生在同一时刻 t，但是在 K' 系中观察却是发生在 t_1' 和 t_2' 这两个不同的时

刻。由于 $t_2' < t_1'$，K' 中的观察者会认为尺杆前端在时刻 t_2' 先到达 x_2 位置，过了 $t_1' - t_2'$ 这一段时间后在时刻 t_1' 尺杆后端才到达 x_1 位置，此时尺杆已经在 K 中向前运动了一段距离了，因此 $x_2 - x_1 < x_2' - x_1'$，在 K 中观测到尺杆缩短了（见图 6-7）。

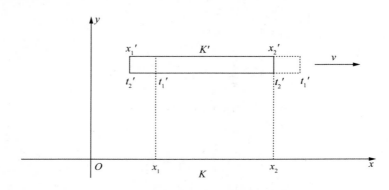

图 6-7   尺缩与同时性

在 K 系中的观察者测量运动的尺杆，认为尺杆两端的位置是同时测量的，但 K' 中的观察者却观察到两次测量并不同时。所以尺缩效应是一种观测效应，是两个参考系的同时性不一致导致的，完全不同于物体受到外力挤压或温湿度变化等情况时发生的形变。

尺缩效应用子非鱼思想可以很好理解。不同参考系内的静止尺杆，其长度在各自的参考系内都没有收缩。不同参考系看到的时空不一样，在一个参考系中观察其他参考系内的尺杆，长度完全有可能与尺杆所在参考系内的观察不一样。

§6-4   同时的相对性

上一节提到了两个参考系的同时性不一致问题，我们继续进行研究。如图 6-8 和图 6-9 所示，设 A_1 和 A_2 是火车 K 上的固定两点，其坐标分别是 x_1 和 x_2，令 $a = (x_2 - x_1)/2$，则 $A_1 A_2 = x_2 - x_1 = 2a$，M 是 $A_1 A_2$ 的中点，$A_1 M = M A_2 = a$。在时刻 $t = t_0$，火车 K' 上一点 B' 恰好经过 $A_1 A_2$ 的中垂线，K' 中的时间为 $t' = t_0'$，此时从 B' 点发出一个闪

光。在 K 中看来，闪光以速度 c 向四周匀速传播，到达 A_1 和 A_2 的距离都是 $\sqrt{d^2+a^2}$，经过时间 $\Delta t=\sqrt{d^2+a^2}/c$，到达 A_1 和 A_2 两点为同一时刻 $t=t_0+\sqrt{d^2+a^2}/c$，因此 A_1 和 A_2 两点同时接收到闪光。

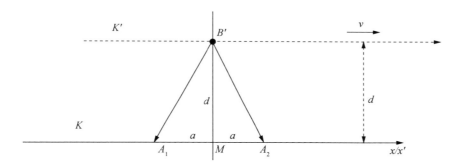

图 6-8　K 中两点同时接收到闪光

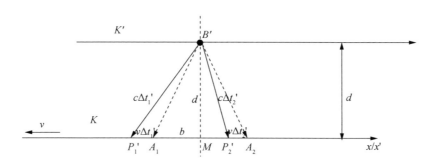

图 6-9　K' 中观察闪光接收不同时

在 K' 中看来，K' 是静止不动的，K 相对 K' 以速度 v 向左运动。火车 K 上 A_1 和 A_2 两个点接收到闪光时，已经向左运动了一段距离分别到达 K' 中的位置 P'_1 和 P'_2 了。由于 $B'P'_1$ 比 $B'P'_2$ 的长度要长，而光速固定不变，所以闪光不可能同时到达这两点，P'_2 位置先接收到闪光，P'_1 位置后接收到闪光。因此在 K' 中观察，A_1 和 A_2 两点接收到闪光并不同时，A_2 先接收到闪光，A_1 后接收到闪光。（注意 A_1、A_2 和 P'_1、P'_2 不是同时重合的）

设闪光到达 P'_1 时刻为 t'_1，经过的时间为 $\Delta t'_1$，闪光到达 P'_2 时刻为

t_2'，经过的时间为 $\Delta t_2'$。由于尺缩效应，K' 中观察 A_1A_2 的长度为 $2b=2a\sqrt{1-v^2/c^2}$，那么

$$c^2\Delta t_1'^2 = d^2 + (b + v\Delta t_1')^2,$$
$$c^2\Delta t_2'^2 = d^2 + (b - v\Delta t_2')^2。$$

二式相减得

$$c^2(\Delta t_1'^2 - \Delta t_2'^2) = (b + v\Delta t_1')^2 - (b - v\Delta t_2')^2$$
$$= 2bv(\Delta t_1' + \Delta t_2') + v^2(\Delta t_1'^2 - \Delta t_2'^2),$$
$$(c^2 - v^2)(\Delta t_1'^2 - \Delta t_2'^2) = 2bv(\Delta t_1' + \Delta t_2'),$$
$$\Delta t_1' - \Delta t_2' = 2bv/(c^2 - v^2) = 2av\sqrt{1-v^2/c^2}/(c^2 - v^2)$$
$$= \frac{2av/c^2}{\sqrt{1-v^2/c^2}}。$$

由于 $t_1'=t_0'+\Delta t_1'$，$t_2'=t_0'+\Delta t_2'$，$x_2-x_1=2a$，得

$$t_1' - t_2' = (x_2 - x_1)\frac{v/c^2}{\sqrt{1-v^2/c^2}}, \tag{6.7}$$

或者

$$t_2' - t_1' = -(x_2 - x_1)\frac{v/c^2}{\sqrt{1-v^2/c^2}}。 \tag{6.8}$$

这就是 K' 中观察到 A_2 和 A_1 两个点接收到闪光的时间差。

　　K 中固定两点 A_2 和 A_1 接收到闪光这两个事件，在 K 中观察是同时发生的，但是在 K' 中观察却是先后发生的，并不同时。这一结果也可以直接用洛伦兹变换的公式得到，这里不再推导。

　　同时性是相对的。K 系中的观察者观察到的运动方向上不同位置处同时发生的事件，在 K' 系中观察不是同时发生的，横坐标大的位置处事件先发生；K' 系中观察到的运动方向上不同位置处同时发生的事件，在 K 系中观察也不是同时发生的，横坐标小的位置处事件先发生。

也可以从尺缩效应来看同时的相对性。如图 6-10 所示，在 K 中把 A_1A_2 看作一个静止的尺杆，其长度 $L=x_2-x_1$，在时刻 $t=t_0$ 尺杆两端与 K' 系中静止的尺杆 $P'_1P'_2$ 两端同时重合。P'_1 和 P'_2 在 K' 系中的横坐标分别是 x'_1 和 x'_2，K' 中的长度 $L'=x'_2-x'_1$，在 K 中 $P'_1P'_2$ 是动尺，由于尺缩效应，观察到 $P'_1P'_2$ 的长度缩短到了 $L=L'\sqrt{1-v^2/c^2}<L'$，这样才能与 A_1A_2 重合。在 K' 中观察，$P'_1P'_2$ 是静尺，长度为 L'，而 A_1A_2 是动尺，长度缩短了，变为 $L^*=L\sqrt{1-v^2/c^2}<L$ 了，这样 A_1A_2 的两端不可能与 $P'_1P'_2$ 的两端同时重合，而是先后重合，右端先重合，过了一段时间左端才重合。这段时间差为

$$(L'-L^*)/v=\left(\frac{L}{\sqrt{1-v^2/c^2}}-L\sqrt{1-v^2/c^2}\right)/v=L\frac{v/c^2}{\sqrt{1-v^2/c^2}}$$

$$=(x_2-x_1)\frac{v/c^2}{\sqrt{1-v^2/c^2}},$$

与前面的结果是一致的。

K 中观察，$P_1'P_2'$ 为动杆，A_1A_2 为静杆，长度均为 L，两杆两端同时对齐

K' 中观察，$P_1'P_2'$ 为静杆，长度为 $L'>L$，A_1A_2 为动杆，长度为 $L^*<L$，两杆两端先后对齐

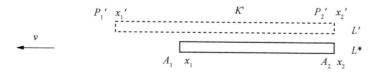

图 6-10　尺缩效应与同时相对性

我们在火车 K 上的各个位置放置一个小的时钟，时刻 $t=0$ 时各个位置的时钟指针指向零点可以看作不同事件。这些事件在 K 中观察是同时发生的，但是在 K' 中观察却不是同时发生的。根据洛伦兹变换公式 $t'=\dfrac{t-xv/c^2}{\sqrt{1-v^2/c^2}}$，$t=0$ 时，$t'=\dfrac{-xv/c^2}{\sqrt{1-v^2/c^2}}$，$x$ 越大 t' 越小，说明 x 坐

标大的事件在 K' 中观察要先发生。我们在 K 中时刻 $t=0$ 时同时拍下 K' 中各个位置处时钟的分布式快照，就得到图 6-11。可以看到在 $t=0$ 时刻只有一个位置的时钟是对准的，沿运动方向两个不同位置的时钟不可能同时对准。

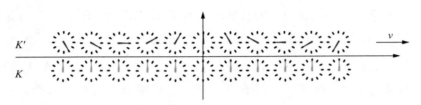

图 6-11　K 中 $t=0$ 时同时发生的事件在 K' 中不同时

用刻漏来代替上面的时钟，可以看到在 K 中 $t=0$ 时刻是一条水平直线，在 K' 中却是一条倾斜的直线。可以直观地看到沿 x 轴方向不同位置处在 K 中观察同时发生的事件在 K' 中观察没有任何两个位置是同时的（见图 6-12）。

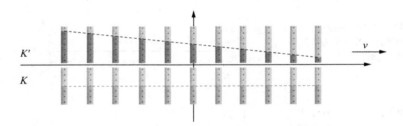

图 6-12　K 中 $t=0$ 时同时发生的事件在 K' 中不同时

如果我们在 K' 中观察，时刻 $t'=0$ 时 K' 各个位置的时钟指针指向零点是同时发生的不同事件。但是在 K 中观察，这些事件却不是同时发生的。根据洛伦兹变换的逆变换公式 $t=\dfrac{t'+x'v/c^2}{\sqrt{1-v^2/c^2}}$，当 $t'=0$ 时，$t=$ $\dfrac{x'v/c^2}{\sqrt{1-v^2/c^2}}$，$x'$ 越大 t 越大，说明 x' 坐标大的事件在 K 中观察要后发生。我们把各个事件在 K 中的时间也用时钟的方式显示出来，如图 6-13 所示。

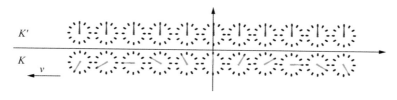

图 6-13　K' 中 $t'=0$ 时同时发生的事件在 K 中不同时

用刻漏来显示各个事件的时间，可以看到在 K' 中 $t'=0$ 时刻各个事件显示为一条水平直线，在 K 中却是倾斜直线（见图 6-14）。这条斜线的倾斜方向与前面不同，是因为 K' 相对 K 向右运动，而 K 相对 K' 向左运动，二者运动方向不一样，但都是运动方向前方的时钟时间提前了。

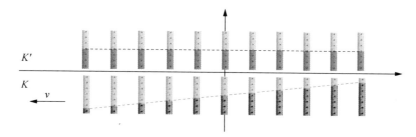

图 6-14　K' 中 $t'=0$ 时同时发生的事件在 K 中不同时

我们只就两个点来进行观察。假设 $\sqrt{1-v^2/c^2}=0.1$，这时 $v\approx 0.995c$，我们观察 K 中 $x_0=0$ 和 $x_1=30$ 光年处的两个点，假设这两个点分别是火车 K 的车头 A 和车尾 B，如图 6-15 所示。根据洛伦兹变换的逆变换公式

$$\begin{cases} x = \dfrac{x'+vt'}{\sqrt{1-v^2/c^2}}, \\[2mm] t = \dfrac{t'+x'v/c^2}{\sqrt{1-v^2/c^2}}。 \end{cases}$$

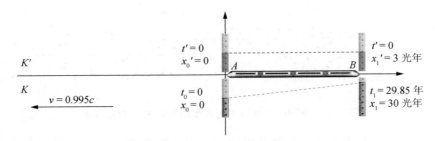

图 6-15 K' 中 $t'=0$ 时同时观察 K 中的两个时钟不同时

当 $t'=0$ 时，有

$$\begin{cases} x' = x\sqrt{1-v^2/c^2}, \\ t = \dfrac{x'v/c^2}{\sqrt{1-v^2/c^2}} = xv/c^2 = 0.995x/c。 \end{cases}$$

可知 $t'=0$ 时，在 K' 中观察 K 中这两个点的时钟读数分别是 $t_0=0$ 和 $t_1=0.995\times30=29.85$ 年，这两个点在 K' 中坐标分别是 x'_0 和 $x'_1=3$ 光年。K' 中同时观察 K 中的两个时钟不同时，且火车的长度缩短为十分之一。

假设 K' 中 $t'=0$ 为 0 年，那么 K 中 A，B 两点的时钟读数分别是 0 年和 29.85 年。为了验证这一点，如图 6-16 所示，我们于 K' 中 $t'=0$ 时在火车的车头 A 和车尾 B 处同时发出两道闪光。那么 x'_0 和 x'_1 的中点 M' 处将在 $t'=1.5$ 年时同时接收到这两道闪光。此时火车 K 向左行驶了 $0.995\times1.5=1.4925$ 光年，M' 点到车头和车尾的距离分别是 $1.5+1.4925=2.9925$ 光年和 $1.5-1.4925=0.0075$ 光年。设 M' 点收到闪光时与火车 K 上的 Q 点重合，那么在 K 中观察到 $AQ=29.925$ 光年，$QB=0.075$ 光年（火车在 K 中长度为 K' 中 10 倍）。可知 Q 点收到 A 点闪光的时间为 29.925 年，收到 B 点闪光的时间在 B 点发出闪光 0.075 年之后。在 K 中观察 Q 点同时接收到 A，B 两点发出的闪光，因此可以推算出在 K 中观察 B 点发出闪光的时间为 $29.925-0.075=29.85$ 年。

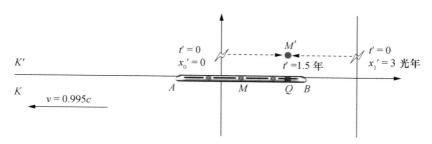

图 6-16　K' 中同时发出的闪光

一种常见的描述方式是在 K' 中观察，A 和 B 的中点 M 以速度 v 向左运动，因此 M 点先接收到来自左侧的闪光，后接收到来自右侧的闪光，于是 K 中的观察者认为 A 点先发出闪光，B 点后发出闪光。很多文献在介绍同时的相对性时使用了这种描述方式。虽然结论正确，但是这个描述是有缺陷的。K' 中观察 M 点先接收到左侧闪光不代表 K 中观察 M 点也先接收到左侧闪光。如果 K 中观察 A，B 两点不是同时发出闪光，那么 M 点先接收到哪一个闪光都是有可能的，取决于 A，B 两点发出闪光的精确时刻。因此这一描述需要更详细的证明。

同时的相对性在狭义相对论中具有非常重要的意义，它是理解狭义相对论的钥匙，所以我们不厌其烦地从多个角度描述同时的相对性，以加深对这一思想的印象，希望有助于理解这一思想。

由同时性的相对性可知，在惯性系中记录一个事件的发生，仅记录发生的时间是不够的，需要同时记录这个事件发生的位置。如果某些事件发生在不同位置处，在其他惯性系中可能会观察到这些事件发生在不同的时间。所以时间不是绝对的、独立于空间而存在的，而是和空间紧密联系在一起。

§6-5　钟　慢　效　应

如图 6-17 所示，假设在 K' 系中有一个时钟，在 K' 中的位置 $P'(x', y', z')$ 固定不变。时钟的时间指示为 t_1' 和 t_2' 时，在 K 中的时空坐标分别是 $P_1(x_1, y_1, z_1, t_1)$ 和 $P_2(x_2, y_2, z_2, t_2)$，根据洛伦兹变换

的逆变换公式得

$$
\begin{cases}
x_1 = \dfrac{x' + vt_1'}{\sqrt{1 - v^2/c^2}}, \\[2mm]
y_1 = y', \\[1mm]
z_1 = z', \\[1mm]
t_1 = \dfrac{t_1' + x'v/c^2}{\sqrt{1 - v^2/c^2}},
\end{cases}
\qquad
\begin{cases}
x_2 = \dfrac{x' + vt_2'}{\sqrt{1 - v^2/c^2}}, \\[2mm]
y_2 = y', \\[1mm]
z_2 = z', \\[1mm]
t_2 = \dfrac{t_2' + x'v/c^2}{\sqrt{1 - v^2/c^2}}。
\end{cases}
$$

由此可得

$$
t_2 - t_1 = \frac{t_2' - t_1'}{\sqrt{1 - v^2/c^2}} \tag{6.9}
$$

或

$$
t_2' - t_1' = (t_2 - t_1)\sqrt{1 - v^2/c^2}。 \tag{6.10}
$$

在 K 中看来，时钟 P' 以速度 v 向右运动，经过 P_1 位置时，P_1 处的时钟指示时刻为 t_1，经过 P_2 位置时，P_2 处的时钟指示时刻为 t_2，所经过的时间间隔为 $\Delta t = t_2 - t_1$，而时钟 P' 指示的时间变化为

$$
\Delta t' = t_2' - t_1' = \Delta t \sqrt{1 - v^2/c^2} < \Delta t,
$$

也就是说，运动时钟的走时比静止时钟变慢了。这就是钟慢效应：在惯性系 K 中的静止观察者观察运动的时钟，时钟的走时变慢了，变慢比例为 $\sqrt{1 - v^2/c^2}$。

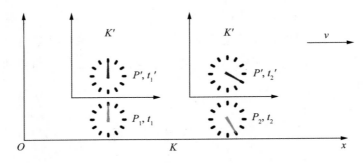

图 6-17　动钟变慢

假设 $v = 0.6c$，那么钟慢因子 $\sqrt{1 - v^2/c^2} = 0.8$，在 K' 系中时钟走时 $\Delta t' = 60$ 分钟，在 K 系中观察这段时间则为 $\Delta t = 60/0.8 = 75$ 分钟，也

就是说 K 系中的静止观察者观察运动时钟的分针走满一圈的时间是
75 分钟。运动时钟的走时比静止时钟的走时变慢了。另一方面，运动
时钟的一圈被观察为更多的时间，好像是运动时钟的时间膨胀了，所以
钟慢效应也叫时间膨胀效应。

注意到，在 K' 中观察，时钟 P' 先后与 K 中的时钟 P_1 和 P_2 相遇。
P' 与 K 中的每一个时钟的相遇都只有一次，相遇时间只有"一刹那"，
然后是一去不复返了，因此 P' 与 K 中的每一个时钟都只能比较一次，
只能对时刻，而不能比较快慢。我们用了 K 中的两个时钟与 K' 中的一
个时钟来比较快慢，实际上是假设了 K 中的两个时钟 P_1 和 P_2 是同步
的，具有相同的时间。

然而由于同时的相对性，P_1 和 P_2 在 K 中观察是同步的，在 K' 中
观察不可能也同步，P_1 的读数要小于 P_2 的读数（见图 6-18）。K' 中的
观察者认为时钟 P' 还没有走动时，P_1 和 P_2 的读数已经有了差异，用
这两个时钟的读数差与 P' 的读数相比自然会发生差异。因此钟慢效应
是由于同时的相对性造成的观测效应。

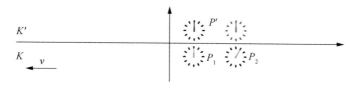

图 6-18　K' 静止，K 向左运动，K' 观察 K 中时钟不同步

钟慢效应是相对的。在 K 系中的观察者认为 K' 系中静止的时钟是
动钟，走时变慢了；K' 系中的观察者也认为 K 系中静止的时钟是动钟，
走时变慢了。

用我们前面设计的光子钟可以直观地看到时钟变慢的过程。光子钟
里光子在两面反射镜之间来回反射一次为一个"滴答"的时间。假设光
子钟的高度是 h，光子钟在 K' 系中静止，一个"滴答"的时间为 $T' = 2h/c$。如图 6-19 所示，在 K 系中观察，光子钟以速度 v 水平向右运动，
K 系中观察到钟的高度没有变化，仍然为 h，但是光子的运动路径变成

折线，光沿斜线运动的位移 ct、反射镜运动的位移 vt 与反射镜之间的距离 h 构成一个直角三角形。根据勾股定理有 $(vt)^2+h^2=(ct)^2$，可得 $t=h/\sqrt{c^2-v^2}$。于是 K 系中观察运动光子钟一个"滴答"的时间为 $T=2t=2h/\sqrt{c^2-v^2}$。与 K' 系中观察的静止光子钟相比有 $T'=T\sqrt{1-v^2/c^2}<T$。在 K 系中观察，运动光子钟的一个"滴答"要经历更多的时间，因此运动时钟的走时变慢了，变慢系数为 $\sqrt{1-v^2/c^2}$。

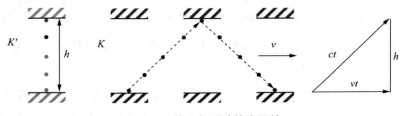

图 6-19　静止与运动的光子钟

如果在 K 系中也有一个同样高度的光子钟，那么在 K' 系中观察，这个光子钟的光子也沿折线运动，在两面反射镜之间反射一个来回需要经过更长的距离，因而走时变慢了。两个惯性系互相认为对方的光子钟走时变慢。

钟慢效应和尺缩效应的系数是一样的，都是 $\sqrt{1-v^2/c^2}$，这不是偶然，是有原因的。

如图 6-20 所示，假设在 K 系中有一根静止的尺杆，两端分别位于 P_1 和 P_2 处。在 K 系中观察，尺杆静止不动，长度为 $L=x_2-x_1$，时钟 P' 以速度 v 向右运动经过尺杆，经过时间为 $\Delta t=L/v$。这个时间 Δt 是 K 系中观察的时间。在 K' 系中观察，时钟 P' 静止不动，尺杆以速度 v 向左运动，尺杆的长度由于尺缩效应缩短了，变为 $L'=L\sqrt{1-v^2/c^2}$，尺杆经过时钟 P' 的时间为 $\Delta t'=L'/v$，这个时间 $\Delta t'$ 是 K' 系中的时间，也是时钟 P' 指示的真实读数。可以看到 $\Delta t'=\Delta t\sqrt{1-v^2/c^2}<\Delta t$，因此动钟变慢，且变慢系数与动尺缩短的系数是一样的。

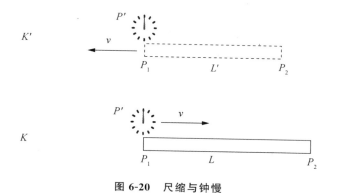

图 6-20　尺缩与钟慢

注意到根据洛伦兹变换的逆变换公式 $t = \dfrac{t' + x'v/c^2}{\sqrt{1 - v^2/c^2}}$，有 $\Delta t =$
$\dfrac{\Delta t' + \Delta x'v/c^2}{\sqrt{1 - v^2/c^2}}$。如果 $\Delta x' = 0$，表明时钟在 K' 中是静钟，位置没有变化。
这种情况下有 $\Delta t = \dfrac{\Delta t'}{\sqrt{1 - v^2/c^2}}$，这就是钟慢效应，$K'$ 中的静止时钟在 K
中观察是动钟，走时变慢。如果 $\Delta t' = 0$，表明 K' 中不同位置处的时钟
在同一时间，有 $\Delta t = \dfrac{\Delta x'v/c^2}{\sqrt{1 - v^2/c^2}}$，就是同时的相对性，$K'$ 中同时的时钟
在 K 中观察并不同时。所以钟慢效应与同时的相对性是洛伦兹变换的
两个方面。

　　"钟慢效应"与"尺缩效应"的含义是有区别的。假设钟慢因子为
$\sqrt{1 - v^2/c^2} = 0.1$，这时 $v \approx 0.995c$。静止长度为 10 米的尺杆，在尺杆
上标有刻度为 10 米。当尺杆沿长度方向以 $0.995c$ 的速度运动时，在
"静止"惯性系 K 中观察，尺杆为动杆，长度变为 1 米，观察到的长度
比尺杆自身的长度缩短了。在惯性系 K 中观察以 $0.995c$ 的速度运动的
时钟，表针转过 10 分钟，惯性系 K 中的时间已经过了 100 分钟，观察
到的时间比时钟自身的时间变快了。在这个意义上，"钟慢效应"似乎
更应该叫做"钟快效应"，"时间膨胀效应"的叫法也更合适。因此，
"尺缩效应"的含义是"动尺的观察长度比自身长度变短"，而"钟慢效
应"的含义则是"动钟的自身时间比观察时间变慢"。

§6-6　相对论速度合成

　　如图 6-21 所示，假设 K' 系相对 K 系以速度 v 向右运动（$v < c$），一物体在 K' 系中沿 x' 轴运动，运动速度为 u'，在 K 系中观察其运动速度为 u。那么 u 与 v 及 u' 是什么关系？这是第一章中的遗留问题。在绝对时空观中，根据伽利略变换，应当有 $u = u' + v$。现在我们知道，K 系与 K' 系中的时间和距离并不相同，速度相加的结论是有问题的。具体的结果应该根据洛伦兹变换来得到。

图 6-21　速度合成

　　假设该物体在 K' 系中，在时刻 t_1' 位置为 x_1'，在时刻 t_2' 位置为 x_2'，在 K 系中观察，在时刻 t_1 位置为 x_1，在时刻 t_2 位置为 x_2。根据洛伦兹变换的逆变换得

$$
\begin{cases}
x_1 = \dfrac{x_1' + v t_1'}{\sqrt{1 - v^2/c^2}}, \\[2mm]
t_1 = \dfrac{t_1' + x_1' v/c^2}{\sqrt{1 - v^2/c^2}},
\end{cases}
\qquad
\begin{cases}
x_2 = \dfrac{x_2' + v t_2'}{\sqrt{1 - v^2/c^2}}, \\[2mm]
t_2 = \dfrac{t_2' + x_2' v/c^2}{\sqrt{1 - v^2/c^2}},
\end{cases}
$$

那么

$$
u' = \frac{x_2' - x_1'}{t_2' - t_1'},
$$

$$
u = \frac{x_2 - x_1}{t_2 - t_1} = \frac{(x_2' - x_1') + v(t_2' - t_1')}{(t_2' - t_1') + (x_2' - x_1')v/c^2} = \frac{u' + v}{1 + u'v/c^2}。
$$

由此得到

$$u = \frac{u' + v}{1 + u'v/c^2}。 \qquad (6.11)$$

这就是著名的相对论速度合成公式。当 $v \ll c$ 时，$u \approx u' + v$，与传统的速度相加公式是一致的。

逆变换的公式为

$$u' = \frac{u - v}{1 - uv/c^2}, \qquad (6.12)$$

相当于把 v 用 $-v$ 代替。

根据 $u = \dfrac{u' + v}{1 + u'v/c^2}$，可得

$$u = \frac{c^2}{v} - \frac{c^2/v - v}{1 + u'v/c^2}。 \qquad (6.13)$$

可以看到 u 是 u' 的增函数，随 u' 增大而增大。但是当 u' 无限增大时，u 并不会无限增大，而是有一个上限 c^2/v。我们在 K' 系中观察相对于 K' 以速度 v 向右运动的另一个惯性系 K''（见图 6-22）就可以知道 K' 中的速度也有上限 c^2/v。既然 u' 并不会无限增大，那么 u 的上限应该更小一些，小于 c^2/v。根据相对性原理可知 u 和 u' 都不会无限增大，会有同样的上限。设这个上限为 w，那么

$$w = \frac{w + v}{1 + wv/c^2},$$

可得

$$w = c。$$

也就是说物体的运动速度不会超过光速 c，光速是物体运动速度的上限。洛伦兹变换中因子 $\sqrt{1 - v^2/c^2}$ 的存在也对惯性系之间的相对速率 v 给出了上限，只允许 $v < c$，因此光速是速度的极限。

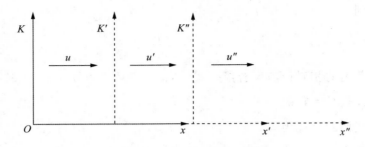

图 6-22　不同惯性系中的速度

如果物体运动方向与 x' 轴不平行，考虑一般情况，假设该物体在 K' 系中的运动速度为 $u' = (u'_x，u'_y，u'_z)$，从 $(x'_1，y'_1，z'_1，t'_1)$ 运动到 $(x'_2，y'_2，z'_2，t'_2)$。在 K 系中观察，该物体的运动速度为 $u = (u_x，u_y，u_z)$，从 $(x_1，y_1，z_1，t_1)$ 运动到 $(x_2，y_2，z_2，t_2)$。根据洛伦兹变换的逆变换可得

$$
\begin{cases}
x_1 = \dfrac{x'_1 + v t'_1}{\sqrt{1 - v^2/c^2}}, \\[2mm]
y_1 = y'_1, \\[2mm]
z_1 = z'_1, \\[2mm]
t_1 = \dfrac{t'_1 + x'_1 v/c^2}{\sqrt{1 - v^2/c^2}},
\end{cases}
\qquad
\begin{cases}
x_2 = \dfrac{x'_2 + v t'_2}{\sqrt{1 - v^2/c^2}}, \\[2mm]
y_2 = y'_2, \\[2mm]
z_2 = z'_2, \\[2mm]
t_2 = \dfrac{t'_2 + x'_2 v/c^2}{\sqrt{1 - v^2/c^2}}。
\end{cases}
$$

速度各分量的计算公式为

$$
\begin{cases}
u'_x = \dfrac{x'_2 - x'_1}{t'_2 - t'_1}, \\[2mm]
u'_y = \dfrac{y'_2 - y'_1}{t'_2 - t'_1}, \\[2mm]
u'_z = \dfrac{z'_2 - z'_1}{t'_2 - t'_1},
\end{cases}
\qquad
\begin{cases}
u_x = \dfrac{x_2 - x_1}{t_2 - t_1}, \\[2mm]
u_y = \dfrac{y_2 - y_1}{t_2 - t_1}, \\[2mm]
u_z = \dfrac{z_2 - z_1}{t_2 - t_1}。
\end{cases}
$$

由此可得

$$
\begin{cases}
u_x = \dfrac{u_x' + v}{1 + u_x' v/c^2}, \\[3mm]
u_y = \dfrac{u_y' \sqrt{1 - v^2/c^2}}{1 + u_x' v/c^2}, \\[3mm]
u_z = \dfrac{u_z' \sqrt{1 - v^2/c^2}}{1 + u_x' v/c^2}.
\end{cases}
\tag{6.14}
$$

这就是一般情况下的相对论速度合成公式。可以看到速度在 y 轴和 z 轴的分量也与运动方向上的分量有关，这与垂直于运动方向上长度不变的情况是不一样的。

逆变换的公式为

$$
\begin{cases}
u_x' = \dfrac{u_x - v}{1 - u_x v/c^2}, \\[3mm]
u_y' = \dfrac{u_y \sqrt{1 - v^2/c^2}}{1 - u_x v/c^2}, \\[3mm]
u_z' = \dfrac{u_z \sqrt{1 - v^2/c^2}}{1 - u_x v/c^2},
\end{cases}
\tag{6.15}
$$

相当于把 v 用 $-v$ 代替。

如果在 K' 系中发出一个光子，其速度为光速 c，那么

$$(u_x')^2 + (u_y')^2 + (u_z')^2 = c^2 。$$

利用上面的公式，可以得到

$$u_x^2 + u_y^2 + u_z^2 = c^2 。$$

这表明在 K 系中观察该光子的运动速度也为 c，也就是光速与光源的运动速度无关。

在下一节我们将看到，光子的运动方向与 x' 轴不平行时，在 K 系中观察虽然速度的大小没有变化，但是速度的方向发生了变化。

§6-7　前灯效应与光行差

如图 6-23 所示，惯性系 K' 相对惯性系 K 以速度 v 向右运动，在 K' 系中一个光源向前方发出一束光，其方向并不恰好与 x' 轴平行。为方便起见，不妨设光速在 z' 轴方向的分量为零，在 x' 轴和 y' 轴方向的分量分别是 u'_x 和 u'_y，与 x' 轴的夹角为 θ'。在 K 系中观察，光速在 x 轴和 y 轴方向的分量分别是 u_x 和 u_y，与 x 轴的夹角为 θ。

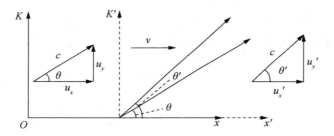

图 6-23　光线前倾

根据前面一般情况下的相对论速度合成公式，可得

$$\begin{cases} u_x = \dfrac{u'_x + v}{1 + u'_x v/c^2}, \\[2ex] u_y = \dfrac{u'_y \sqrt{1 - v^2/c^2}}{1 + u'_x v/c^2}。 \end{cases}$$

注意到 $\cos\theta' = u'_x/c$ 及 $\cos\theta = u_x/c$，利用第一式可得

$$\cos\theta = \frac{\cos\theta' + \dfrac{v}{c}}{1 + \dfrac{v}{c}\cos\theta'}。 \tag{6.16}$$

这就是 θ 与 θ' 的关系式。我们可以进一步化简。利用三角公式

$$\tan^2 \frac{\theta}{2} = \frac{1 - \cos\theta}{1 + \cos\theta},$$

可以对(6.16)式化简得到

$$\tan\frac{\theta}{2}=\sqrt{\frac{c-v}{c+v}}\tan\frac{\theta'}{2}。\tag{6.17}$$

这就是 θ 与 θ' 简化后的关系式。注意到正切函数在 $\left(-\dfrac{\pi}{2},\ \dfrac{\pi}{2}\right)$ 区间内是单调增函数，由上式得 $\tan\dfrac{\theta}{2}<\tan\dfrac{\theta'}{2}$，所以有 $\theta<\theta'$，在 K 系中看来，光线向前倾了。当 v 接近 c 时，对任何 θ' 来说，θ 都会接近于零，光线发生强烈的前倾。在经典伽利略变换下，光线也会前倾，但倾角表达式不一样，而且 v 接近 c 时不会发生强烈的变化。

　　如果 K' 系中一个探照灯向前方以一定张角发射出一束光锥，那么在 K 系中观察，每一条光线的角度都会前倾，整个光锥的张角变小了，光束的能量向光源前方集中。因此这一效应被称作前灯效应，又叫探照灯效应（见图 6-24）。

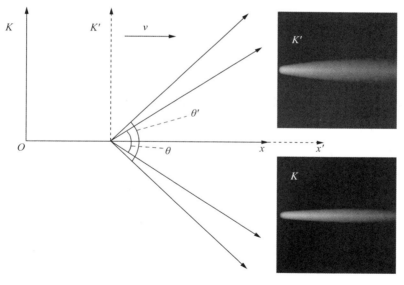

图 6-24　前灯效应

　　如果一个静止点光源向四周均匀辐射光子，当它以接近光速运动时，辐射的大部分能量会集中到前方，向前方强烈地辐射光子（见图 6-25）。

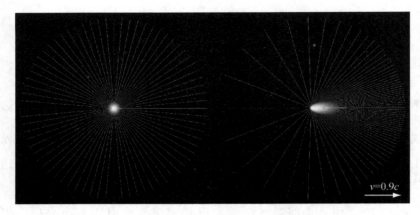

图 6-25 均匀点光源以 $v = 0.9c$ 运动时的前灯效应

前灯效应可以用来解释光行差现象。运动观察者观察天体时，天体相对观察者向相反方向运动，天体发出的光会向天体运动的前方倾斜，天体的视位置向后移，偏向观察者运动的前方。

如图 6-26 所示，观察者位于 O 点，天体位于 S' 点，观察者以速度 v 水平运动。如果观察者不动，会看到天体发出的光线与水平方向具有偏角 θ'。观察者运动时，天体相对观察者反方向运动，由于前灯效应，天体发出的光线向前倾斜，偏角变小为 θ，天体看起来后退到 S 点处。天体的视觉位置沿着观察者运动方向发生了一个偏移。所以天顶的恒星看起来总有一个沿着地球运动方向的位移，这就是光行差。根据前灯效应，光行差的偏角公式为

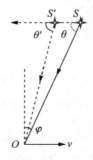

图 6-26 光行差

$$\cos\theta = \frac{\cos\theta' + \dfrac{v}{c}}{1 + \dfrac{v}{c}\cos\theta'}$$

或者

$$\tan\frac{\theta}{2} = \sqrt{\frac{c-v}{c+v}}\tan\frac{\theta'}{2}。$$

对于正天顶的恒星，$\theta' = \dfrac{\pi}{2}$，$\cos\theta' = 0$，有

$$\cos\theta = v/c。 \tag{6.18}$$

令 $\varphi = \dfrac{\pi}{2} - \theta$ 为光线与天顶方向的偏角，得

$$\sin\varphi = v/c。 \tag{6.19}$$

当 φ 很小时，有 $\varphi \approx \sin\varphi$，于是可得 $c \approx v/\varphi$。这就是布拉得雷根据光行差计算光速的公式。

§6-8　相对论多普勒效应

当光源远离或者朝向观察者运动时，观察者观察到光源所发光的频率会发生变化，这一现象称作多普勒效应。

如图 6-27 所示，地球位于 E 点，天体位于 A 点，在地球上的观察者看来，天体沿着与 AE 连线成 θ 角方向以速度 v 运动。天体所发光波的频率为 f，波长为 λ，那么 $\lambda f = c$，光波的周期 $T = 1/f$。假设在地球参考系中，天体在时刻 t_0 于 A 点发出一个波峰，在时刻 t_1 运动到 B 点发出下一个波峰，那么有 $AB = v(t_1 - t_0)$。由于钟慢效应，$t_1 - t_0 = T/\sqrt{1 - v^2/c^2}$。观察者于时刻 $t_0' = t_0 + AE/c$ 观察到 A 点处发出的波峰，于时刻 $t_1' = t_1 + BE/c$ 观察到 B 点处发出的波峰。B 点在 AE 上的投影为 H 点，波长相对天体与地球的距离可以认为是无穷小，那么 $BE = HE$，$AE - BE = AH = AB\cos\theta$，地球上的观察者观察到天体发出两个

波峰间的时间差(周期)为

$$T' = t_1' - t_0' = t_1 - t_0 - (AE - BE)/c$$

$$= (t_1 - t_0)(1 - v\cos\theta/c) = T \frac{1 - v\cos\theta/c}{\sqrt{1 - v^2/c^2}}.$$

图 6-27 多普勒效应

地球观察者观察到的光波频率为

$$f' = \frac{1}{T'} = \frac{\sqrt{1 - v^2/c^2}}{T(1 - v\cos\theta/c)} = f \frac{\sqrt{1 - v^2/c^2}}{1 - v\cos\theta/c} = \frac{f}{\gamma(1 - v\cos\theta/c)}.$$

因此

$$f' = \frac{f}{\gamma(1 - v\cos\theta/c)}. \tag{6.20}$$

这就是地球上的观察者所接收到的光波频率的公式,其中 $\gamma = 1/\sqrt{1 - v^2/c^2}$ 为洛伦兹因子。

如图 6-28 所示,在天体参考系中观察,地球以速度 v 向相反方向运动。地球接收到天体所发光线的方向与地球运动方向成 φ 角。由于前灯效应,地球参考系中的天体所发光线的角度 θ 角相对天体参考系中的

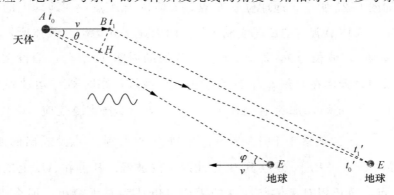

图 6-28 天体参考系与地球参考系中的多普勒效应

φ 角前倾了。根据前灯效应公式可得

$$\cos\theta = \frac{\cos\varphi + \dfrac{v}{c}}{1 + \dfrac{v}{c}\cos\varphi}。$$

地球观察者观察到的光的频率 f' 与在哪个参考系中观察无关，因此有

$$f' = \frac{f}{\gamma(1 - v\cos\theta/c)} = \frac{f}{\gamma\left(1 - \dfrac{v}{c}\cdot\dfrac{\cos\varphi + v/c}{1 + v\cos\varphi/c}\right)} = \frac{f}{\gamma\dfrac{1 - v^2/c^2}{1 + v\cos\varphi/c}}$$

$$= \gamma(1 + v\cos\varphi/c)f。$$

由此得

$$f' = \gamma(1 + v\cos\varphi/c)f。 \tag{6.21}$$

这就是在天体参考系中观察到的地球上的观察者所接收到的光波频率的公式。

当天体沿地球–天体连线远离地球运动时，$\theta = \varphi = \pi$，有

$$f' = \gamma(1 - v/c)f = \sqrt{(c - v)/(c + v)}\,f。 \tag{6.22}$$

此时 $f' < f$，表明观察者观察到天体发出的光线频率变小，波长变长，在可见光波段，表现为光谱的谱线朝红端移动了一段距离。这一现象称为红移（见图 6-29 及彩插）。

当天体沿天体–地球连线朝向地球运动时，$\theta = \varphi = 0$，有

$$f' = \gamma(1 + v/c)f = \sqrt{(c + v)/(c - v)}\,f。 \tag{6.23}$$

此时 $f' > f$，表明观察者观察到天体发出的光线频率变大，波长变短，在可见光波段，表现为光谱的谱线朝蓝端移动了一段距离。这一现象称为蓝移（见图 6-29 及彩插）。

当 $\theta = \pi/2$ 时，天体垂直于地球–天体连线运动，此时有 $f' = f/\gamma$，$f' < f$，表明观察者观察到天体发出的光线频率变小，波长变长，表现为红移。此时的多普勒效应称为横向多普勒效应。

在经典理论中不存在横向多普勒效应，因此横向多普勒效应是区分狭义相对论和经典理论的一个证据。这一效应 1938 年被艾夫斯和史迪威的实验所证实。

当天体沿天体–地球连线朝向地球运动时，天体发出的光线产生蓝

图 6-29　多普勒效应

光源以 $v=0.7c$ 速度向右运动时的多普勒效应，对右侧观察者表现为蓝移，对左侧观察者表现为红移

移，$f'=\sqrt{(c+v)/(c-v)}\,f$，光的频率增大。有些天体会喷射出速度接近光速的物质，当喷射物以速度 $v=0.995c$ 朝向地球运动时，其所发出的光频率增大为 20 倍。从粒子性角度看，频率增大意味着观察者接收到的光子能量变大了，光的亮度增加了。这一现象叫多普勒增亮。

前灯效应使得光束集中，多普勒增亮使得单束光的亮度增加，二者都会导致观察者接收到的光亮度增加。因此人们常常把二者合在一起，把光源朝向观察者运动时观察者接收到光的总亮度增加的效应称作相对论聚束效应或相对论束流效应。有的资料中把光线的方向变化和频率变化一起当作多普勒效应的一部分，因此把前灯效应也看作多普勒效应的一部分。

在下一章里我们还将看到，光源运动时，除了会发生前灯效应、多普勒效应，观察者还会观察到光源发出的光视觉超光速的现象。

当光源远离观察者时，发生红移。此红移由两个因素产生，一方面光源运动产生的钟慢效应导致光源发出波峰的时间间隔变长，另一方面光源远离观察者运动导致相邻两个波峰到达观察者的时间差变长。这两个因素联合起来导致观察者接收到光波的周期变长，频率变低，表现为红移。

当光源靠近观察者时，发生蓝移。此蓝移由两个相反的因素共同作用产生。一方面光源运动产生的钟慢效应导致光源发出波峰的时间间隔变长，另一方面光源朝向观察者运动导致相邻两个波峰到达观察者的时间差变短。这两个因素联合起来导致观察者接收到光波的周期变短，频率变高，表现为蓝移。

假设光源发光频率为 f，光波周期为 $T=1/f$。光源以速度 v 远离观察者时，由于钟慢效应，观察者参考系内光源发出波峰的时间间隔变为 $T_1=T/\sqrt{1-v^2/c^2}$。由于光源远离，后一波峰比前一波峰要多走 vT_1 这一段距离，到达时间要推迟 $T_2=vT_1/c$ 这一段时间。因此相邻两个波峰到达观察者的时间间隔为

$$T'=T_1+T_2=(1+v/c)T/\sqrt{1-v^2/c^2}=\sqrt{(c+v)/(c-v)}\,T,$$
$$(6.24)$$

观察者接收到光的频率

$$f'=1/T'=\sqrt{(c-v)/(c+v)}/T=\sqrt{(c-v)/(c+v)}\,f.$$

当光源以速度 v 靠近观察者时，由于钟慢效应，波峰间隔第一部分时间 T_1 不变。由于光源靠近，后一波峰比前一波峰要少走 vT_1 距离，到达时间提前 $T_2=vT_1/c$，相邻波峰到达观察者时间间隔为

$$T'=T_1-T_2=(1-v/c)T/\sqrt{1-v^2/c^2}=\sqrt{(c-v)/(c+v)}\,T,$$
$$(6.25)$$

观察者接收到光的频率

$$f'=1/T'=\sqrt{(c+v)/(c-v)}/T=\sqrt{(c+v)/(c-v)}\,f.$$

这与前面的结果是一致的，表明相对论多普勒效应产生的原因是钟慢效应以及光源与观察者之间距离变化导致的波峰提前或延迟。

§6-9　双生子佯谬

1911 年 4 月，在意大利博洛尼亚大学召开的第四届世界哲学大会上，法国物理学家朗之万提出了"双生子佯谬"，引发了对狭义相对论的钟慢效应的争论。

如图 6-30 所示，假设有一对双生子兄弟 A 和 B，兄弟 B 登上宇宙飞船进行速度接近光速的太空旅行，而兄弟 A 则留守在地球上。当旅行者兄弟 B 返回地球时，发现留守在地球上的兄弟 A 已经变老了，而

自己依然年轻，比留守者兄弟 A 要年轻很多。原因是相对地球，宇宙飞船上的时钟是动钟，地球上的时钟是静钟，由于相对论钟慢效应，动钟的走时要比静钟慢，地球上过了 10 年，而飞船上却可能只过了 1 年，因此旅行者兄弟 B 要比留守者兄弟 A 年轻许多。

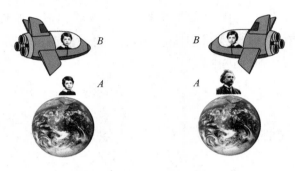

图 6-30　双生子佯谬

但是相对论理论又认为钟慢效应是相对的，地球上的兄弟 A 可以认为飞船上的钟慢了，飞船上的兄弟 B 也可以认为自己没有动，而是地球在动，因此地球上的钟慢了，兄弟 A 要更年轻一些。如果飞船不返回地球，二者可以互相认为对方钟慢，对方年轻。但是飞船返回了地球，问题就无法回避，因为两兄弟的年龄和时钟是可以在重逢时在同一个参考系内一起进行对比的。那么重逢时究竟谁年轻呢？

这就是著名的"双生子佯谬"，也叫"双生子悖论"。

假设动钟变慢的系数是 $\sqrt{1-v^2/c^2}=0.1$，也就是钟变慢了 10 倍，这时 $v\approx0.995c$，飞船以此速度飞向距离地球 $l=30$ 光年远的一个星球 S，到达星球 S 后以同样的速度返航。星球 S 与地球的相对速度很小，可以看作静止在同一个惯性系 K 中。假设飞船从静止加速到 $0.995c$ 只用了一天时间，然后匀速飞行，到达星球 S 时减速也用了一天时间，返航时经历了同样的加减速过程。相比匀速飞行的过程，加减速过程可以忽略不计，因为这个过程是固定不变的，而匀速飞行过程可以无限延长，我们完全可以让飞船飞往更远的星球来无限减小加减速过程所占的比例。在地球上看来，飞船往返需要 $2L/v\approx60.30$ 年，等旅行者兄弟 B 回来，留守者兄弟 A 已经成为年过花甲的老头了。而由于钟慢效应，飞船上的钟慢了 10 倍，返回时飞船上的时间只过了 6.03 年，旅行者兄弟 B 还是一个小孩。

旅行者兄弟 B 从起飞到返回经历了多个不同的参考系，我们来跟随旅行者所在的参考系来从旅行者的角度进行观察，如图 6-31 所示。

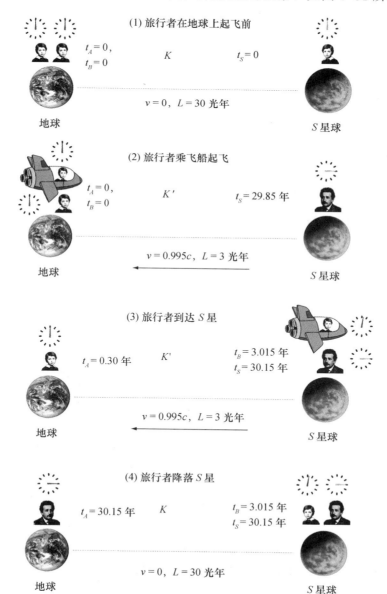

(1) 旅行者在地球上起飞前
$t_A = 0$, $t_B = 0$
K
$t_S = 0$
$v = 0$, $L = 30$ 光年
地球
S 星球

(2) 旅行者乘飞船起飞
$t_A = 0$, $t_B = 0$
K'
$t_S = 29.85$ 年
$v = 0.995c$, $L = 3$ 光年
地球
S 星球

(3) 旅行者到达 S 星
$t_A = 0.30$ 年
K'
$t_B = 3.015$ 年
$t_S = 30.15$ 年
$v = 0.995c$, $L = 3$ 光年
地球
S 星球

(4) 旅行者降落 S 星
$t_A = 30.15$ 年
K
$t_B = 3.015$ 年
$t_S = 30.15$ 年
$v = 0$, $L = 30$ 光年
地球
S 星球

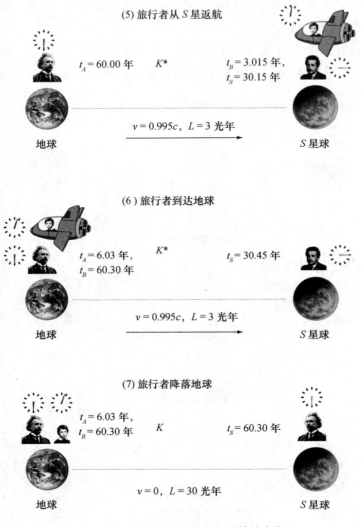

(5) 旅行者从 S 星返航

$t_A = 60.00$ 年 K^* $t_B = 3.015$ 年，
$t_S = 30.15$ 年

$v = 0.995c$，$L = 3$ 光年

地球   S 星球

(6) 旅行者到达地球

$t_A = 6.03$ 年， K^* $t_S = 30.45$ 年
$t_B = 60.30$ 年

$v = 0.995c$，$L = 3$ 光年

地球   S 星球

(7) 旅行者降落地球

$t_A = 6.03$ 年， K $t_S = 60.30$ 年
$t_B = 60.30$ 年

$v = 0$，$L = 30$ 光年

地球   S 星球

图 6-31　旅行者参考系中各时钟的变化

图中时钟 1 格代表 10 年，1 圈 12 格代表 120 年

（1）星球 S 与地球相对静止于惯性系 K 中，因此其上的时钟可以与地球进行同步。假设星球 S 上也有一个同一天出生的堂兄弟 S，是多年以前从地球飞去开拓外星球的叔叔的后代。三个人 A，B，S 都随身带有一个时钟，在飞船起飞时已经同步好时间为 $t_A = t_B = t_S = 0$。

（2）不考虑加速过程，如图 6-32 所示，飞船起飞后立即具有速度 $v = 0.995c$，此时飞船惯性系 K' 上的时间为 $t' = t_B = 0$，旅行者兄弟 B 的时钟指示为 K' 系中的时间。在 K' 中观察，地球与星球 S 以速度 v 向后（从星球 S 往地球方向）运动，可以看着一根运动尺杆的两端，由于尺缩效应，其距离缩短了，变为 3 光年，在 K' 中坐标分别是 $x'_A = 0$ 和 $x'_S = 3$ 光年。由于同时的相对性，在地球惯性系 K 中观察地球和星球 S 上的时钟是同时的，在 K' 中观察并不同时。根据洛伦兹变换的逆变换公式 $t = \dfrac{t' + x'v/c^2}{\sqrt{1 - v^2/c^2}}$，对地球（$t'_A = 0$，$x'_A = 0$），有 $t_A = 0$，对于星球 S（$t'_S = 0$，$x'_S = 3$ 光年），有 $t_S = 29.85$ 年。也就是说，旅行者兄弟从地球惯性系 K 切换到飞船惯性系 K' 的瞬间，在旅行者兄弟看来，双生子兄弟 A，B 的年龄没有变化，而远方的开拓者兄弟 S 已经过了 29.85 岁，成为一个中年人了。

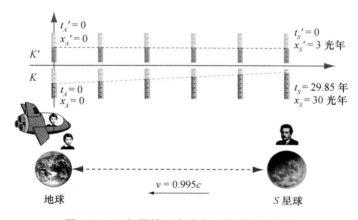

图 6-32　飞船惯性系中观察 S 星球时间提前

这里产生了两个跳变，对于旅行者兄弟，乘坐飞船起飞后，地球和星球 S 的距离由 30 光年变为 3 光年，星球 S 上的时钟由 0 变成了 29.85 年。很多人难以理解旅行者兄弟"看到"开拓者兄弟突然长大了 29.85 岁。这是因为旅行者兄弟从地球惯性系 K 切换到了飞船惯性系 K' 中，由于尺缩效应及同时的相对性，两个不同惯性系之间存在差异，而在任何一个惯性系中长度和时间都没有发生跳变。正如一个人刚刚听到 17 千米外的钟楼上传来 1 点钟的钟声，他从望远镜望去，钟楼的时钟已经指示为 1 点过 50 秒了（空气中声速为 340 米/秒），并不意味着钟楼时钟的时间瞬间就跳过了 50 秒。如果考虑加速过程，旅行者兄弟将经历多个瞬时惯性系的切换，看到地球与星球 S 的距离会是逐渐缩短的，星球 S 上的时钟也是逐渐提前的。理解了这点，双生子佯谬就不是问题了。

（3）在飞船惯性系 K' 中观察，星球 S 在 $L'=3$ 光年远处以 $0.995c$ 的速度向飞船飞过来，因此飞行过程只有 $L'/v \approx 3.015$ 年。飞船与星球 S 相遇时，旅行者兄弟 B 的时钟为 $t_B=3.015$ 年。而星球 S 与地球上的时钟由于钟慢效应，走了 $0.3015 \approx 0.30$ 年，因此开拓者兄弟 S 和留守者兄弟 A 的时钟读数分别为 $t_S=29.85+0.30=30.15$ 年和 $t_A=0+0.30=0.30$ 年。

（4）当飞船降落到星球 S 上时，旅行者兄弟 B 从飞船惯性系 K' 回到地球惯性系 K 中。此时，时钟 B 和 S 的读数分别为 $t_B=3.015$ 年和 $t_S=30.15$ 年，而地球上的时钟 A 在 K 系中与时钟 S 是同步的，因此 $t_A=30.15$ 年，与 K' 中相比，提前了 29.85 年，这正是两个参考系同时的相对性产生的差异。

（5）飞船返航起飞后立即具有速度 $v=0.995c$，此时旅行者兄弟 B 处于新的惯性系 K^* 中。在 K^* 系中地球与星球 S 以速度 v 向后（从地球往星球 S 方向）运动，由于尺缩效应，其距离缩短为 $L^*=3$ 光年。由于同时的相对性，在 K^* 中观察远方地球上的时钟提前了 29.85 年。因此，在旅行者兄弟 B 看来，$t_A=30.15+29.85=60.00$ 年，而自己和开拓者兄弟 S 的时钟没有变化，$t_B=3.015$ 年，$t_S=30.15$ 年。留守者兄弟 A 成了一个老头。

（6）在惯性系 K^* 中，飞船飞达地球经过时间 $L^*/v \approx 3.015$ 年。旅行者兄弟 B 的时钟经过了 3.015 年，$t_B=3.015+3.015=6.03$ 年。而地球和星球 S 上的时钟由于钟慢效应，只走了 $0.3015 \approx 0.30$ 年，因此 $t_A=60.00+0.30=60.30$ 年，$t_S=30.15+0.30=30.45$ 年。

（7）飞船降落地球，旅行者兄弟 B 回到地球惯性系 K 中。此时，$t_A = 60.30$ 年，$t_B = 6.03$ 年。在 K 系中星球 S 上的时钟与地球上的时钟是同步的，因此 $t_S = 60.30$ 年，与 K^* 中相比，提前了 29.85 年。这是 K 与 K^* 两个参考系由于同时的相对性而产生的差异。

由上可知，无论是在地球上观察还是在飞船中观察，尽管旅行者兄弟经历了多个不同的参考系，最后的结果是一样的，都是飞船上的旅行者兄弟比地球上的留守者兄弟年轻。留守者的时钟经历了 60.30 年，而旅行者的时钟只经历了 6.03 年。

所谓悖论出现的原因是只考虑了钟慢效应而没有考虑到同时的相对性。同时的相对性说明一定距离的两个时钟在一个惯性系中是同时的但在另一个惯性系中并不同时，那么从一个惯性系切换到另一个惯性系时就存在时钟的"跳变"。钟慢效应和同时的相对性是洛伦兹变换的两个方面，两种效应都应当考虑。因此实际上悖论并不存在。那么"双生子佯谬"或者"双生子悖论"就成为了"双生子效应"。

2010 年，美国国家标准技术研究院（NIST）的物理学家做了一个高精度的实验。实验使用了当时世界上最精确的铝原子钟，运行 37 亿年才会产生 1 秒误差。实验中对铝原子钟内的铝离子施加不断变化的电磁场，使其快速往复运动。结果显示，运动中的铝原子钟所示时间慢于静止的铝原子钟。这一结果直接验证了双生子效应。

§6-10 隧 道 佯 谬

一列火车的静止长度为 L，与隧道等长。火车以速度 v 穿过隧道。在隧道参考系中看来，运动火车的长度为 $L' = L\sqrt{1 - v^2/c^2}$，由于尺缩效应发生了收缩，因此火车长度比隧道长度短，隧道可以装下火车。但是在火车参考系中看来，火车是静止的，隧道以速度 v 相对火车运动，由于尺缩效应隧道的长度缩短了，比火车的长度短，因此隧道不能装下火车。隧道究竟能不能装下火车呢？不同参考系给出了不同的答案。这就是隧道佯谬（见图 6-33）。

图 6-33　隧道佯谬

　　隧道装下火车，这是一个同时性问题，就是火车的车头和车尾同时位于隧道内。由于同时的相对性，在隧道参考系中认为车头和车尾同时位于隧道中，在火车参考系中观察并不同时，而是车头先进入隧道，当车尾进入隧道时，车头已经出了隧道。因此"隧道装下火车"是一个与具体参考系相关的论断，在隧道参考系中观察隧道可以装下火车与在火车参考系中观察隧道不能装下火车这两个看似矛盾的结论，可以都是正确的。这正是子非鱼思想的表现。

　　假设火车的头部和尾部各有一个感应器，一进入隧道就会发出光信号，离开隧道后就停止发信号。火车的中点有一个带指示灯的接收器，如果同时接收到来自头尾两端的光信号，就点亮指示灯，只接收到一个光信号并不亮灯。火车经过隧道后指示灯的状态是确定的且没有歧义，不可能一个参考系中观察到灯亮而另一个参考系中观察到没亮。那么火车经过隧道后，指示灯是亮的还是没有亮呢？

　　在火车参考系中，火车静止，隧道相对火车运动。由于尺缩效应，隧道的长度变短了，比火车短。车头和车尾始终不会同时位于隧道中，因此指示灯不会亮（见图 6-34）。

图 6-34　火车参考系中观察火车过隧道

　　如图 6-35 所示，在隧道参考系中，由于火车比隧道短，车尾进入隧道时，车头还没有离开隧道，车头和车尾同时位于隧道中一段时间并向火车中点发送信号，似乎信号灯应该会亮。但是由于火车中点随着火车向前运动，能不能同时收到车头和车尾的光信号，需要计算才能知道。

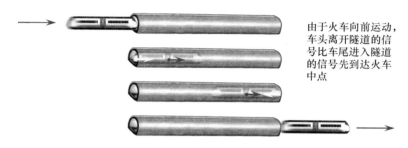

由于火车向前运动，车头离开隧道的信号比车尾进入隧道的信号先到达火车中点

图 6-35 隧道参考系中观察火车过隧道

假设火车车头进入隧道时刻为 $t=0$，那么车尾进入隧道时刻为 $t=L'/v$，车头离开隧道的时刻为 $t=L/v$。火车中点收到车尾进入隧道时所发信号的时刻为 $t_1=\dfrac{L'}{v}+\dfrac{L'/2}{c-v}$，收到车头离开隧道时所发信号的时刻为 $t_2=\dfrac{L}{v}+\dfrac{L'/2}{c+v}$。这样，

$$
\begin{aligned}
t_1-t_2 &= \frac{L'}{v}+\frac{L'/2}{c-v}-\frac{L'/2}{c+v}-\frac{L}{v}\\
&= \frac{L'(c^2-v^2)+vL'(c+v)/2-vL'(c-v)/2}{v(c^2-v^2)}-\frac{L}{v}\\
&= \frac{L'c^2}{v(c^2-v^2)}-\frac{L}{v}=\frac{L'}{v(1-v^2/c^2)}-\frac{L}{v}\\
&= \frac{L\sqrt{1-v^2/c^2}}{v(1-v^2/c^2)}-\frac{L}{v}=\frac{L}{v\sqrt{1-v^2/c^2}}-\frac{L}{v}>0.
\end{aligned}
$$

$t_1>t_2$，这表明火车中点先收到车头离开隧道时所发的信号，然后才收到车尾进入隧道时所发的信号。车头的最后一个光信号后发而先至。也就是说，火车中点收到车尾发出的第一个光信号时，已经不会再收到车头发出的光信号了，指示灯永远不会亮。这与火车参考系中的观察结果是一致的。

§6-11 车库佯谬

在隧道佯谬中，如果隧道的尽头是堵死的山壁，隧道的入口有一道

铁门，火车尾部一进隧道铁门立即关上，那么隧道就成为一个车库。在车库参考系中看来，火车长度比车库短，因此车库门可以关上。在火车参考系中看来，火车长度比车库长，因而车库门不能关上。这一矛盾构成车库佯谬。

在车库参考系中，火车的长度为 $L' = L\sqrt{1 - v^2/c^2} < L$，火车比车库短，可以完全开进车库。如图 6-36 所示，车尾进入车库后，车库门关上，火车继续运动，直到车头首先碰到山壁而停止运动。我们往往会误以为车头发生碰撞停止运动时车尾可以立即感受到，但是这种"超距作用"是不存在的，车尾最快要经过光速才能够感受到车头的碰撞。假设火车非常坚固，与山壁碰撞不会发生任何毁损，车头碰到山壁后停止运动并以光速给车尾发送信号，车尾收到车头传来的信号后停止前进。那么车尾收到信号所需时间为 $\Delta t = L'/(c + v)$，此时车身长度为

$$L^* = c\Delta t = Lc\sqrt{1 - v^2/c^2}/(c + v) = L\sqrt{c - v}/\sqrt{c + v}.$$

然后火车停止运动后由于不再有尺缩效应，长度恢复为 L，与车库等长。

由上可以知道，静止长度比 L 更长一些的火车也有可能开进车库，关上车库门，只是最后在恢复长度时会把车门顶开。

(1) 车头进入车库

(2) 车尾进入车库

(3) 车头停止前进

(4) 车尾停止前进

(5) 车身恢复原长

图 6-36　车库参考系中观察火车入库

如图 6-37 所示，在火车参考系 K 中，车库（隧道）相对火车以固定的速度 v 向后运动。一开始火车在 K 中是静止的，由于火车最后会随着车库一起运动，所以火车参考系会发生变化。为方便起见，我们仍然

把火车进入车库前所在的参考系 K 称作火车参考系，并在 K 中进行观察。火车长度为 L，车库长度为 $L'=L\sqrt{1-v^2/c^2}<L$，看似车库门不能关上。车库门首先越过车头，然后车库壁与车头碰撞，带动车头一起前进。此时由于任何能量和信号的速度都不能超过光速，车尾没有接收到任何能量或信号，完全不知道车头发生了碰撞，仍然保持静止不动。经过时间 $\Delta t=L/c$ 后，车尾接收到车头以光速传过来的信号，开始向后运动。此时车头随车库壁运动的距离为 $v\Delta t=vL/c$，车身长度为

$$L-vL/c=L(1-v/c)=L'(1-v/c)/\sqrt{1-v^2/c^2}$$
$$=L'\sqrt{c-v}/\sqrt{c+v}<L',$$

车身长度与车库长度之比为 $\sqrt{c-v}/\sqrt{c+v}$，与车库参考系中的观察结果一样。可知车头已经在车库内部，因此车库门可以关上。然后车尾开始随车库运动，最后整个火车与车库相对静止，火车长度与车库一样长。

K

(1) 库门接触车头

(2) 库壁接触车头

(3) 车尾感知碰撞

(4) 车随车库运动

图 6-37　火车参考系中观察火车入库

因此，在车库参考系中和在火车参考系中的观察结果是没有矛盾的，车库门都可以关上。悖论产生的原因是没有考虑到能量和信号的传播速度有限，车头和车尾并不是同时停下。这里对碰撞情形做了简化，实际上车头碰撞车库壁以后的过程比较复杂，有些情形很难用初等数学进行计算和描述。

§6-12　爱因斯坦行星

狭义相对论效应被天文学家用来搜索和发现太阳系以外的行星（简称系外行星），并且取得了一定的成效。

2013 年 5 月，天文学家宣布发现了开普勒 76b（Kepler-76b）行星。这是一颗系外行星，位于距离地球 2000 光年的天鹅座，直径约比木星大 25%，质量大约是木星的两倍，轨道周期为 1.5 天，半长轴为 0.0276 天文单位（日地平均距离），在距离母恒星极近的位置上围绕母星快速旋转。

　　这一发现利用了相对论聚束效应：当行星的引力牵拉着恒星朝向地球运动的时候，恒星看起来更加明亮，反之当行星的引力牵拉着恒星远离地球运动的时候，恒星看起来较为暗淡。相对论聚束效应导致光子在恒星运动方向上发生堆积从而亮度增强。另外，行星对恒星产生的潮汐作用导致恒星变为"橄榄球"状，当恒星较宽的一面面向我们的时候，比看起来比较窄的一面面向我们的时候更加明亮。最后，行星本身的反射光线对该发现也有贡献。

　　这一效应非常微弱，天文学家对星光进行了非常精密的测量，精度达到百万分之一量级，最终发现了开普勒 76b 的存在。开普勒 76b 是第一颗应用爱因斯坦的狭义相对论发现的系外行星，因此被称为"爱因斯坦行星"（见图 6-38）。

　　这种基于相对论效应的新方法更适合发现较大的行星，目前还不能用来发现地球大小的行星。这一方法在人类宇宙探索的技术库里增加了新的手段，让人们能以全新的方式来探测那些未知的星球。

图 6-38　爱因斯坦行星

系外行星的发现在以前非常困难。直到 1992 年，美国天文学家沃
尔兹森及弗雷宣布发现了一个围绕脉冲星 PSR B1257＋12 的行星。这
项发现迅速被确认。这是第一个被确认的系外行星。随着观测手段的发
展和进步，人类发现的系外行星数量快速增长，截至 2014 年 12 月 20
日，获得确认的系外行星总数已达到 1780 颗。图 6-39（另见彩插）表明
系外行星的发现呈现爆炸式增长。

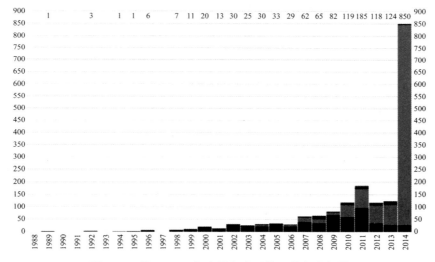

图 6-39　截至 2014 年底历年发现的系外行星数量

　　随着大量系外行星的发现，天文学家的研究范围已经拓展到太阳系
外的行星系统。人们已经在系外行星中发现了水的存在，观测到了系外
行星的大气以及云层、雾霾等大气现象，发现一些行星的环境可能适合
人类居住。天文学家分析恒星光线通过行星大气的吸收光谱（见
图 6-40），判断行星的大气成分，试图发现行星上生命存在的特征。

　　2015 年 12 月，澳大利亚新南威尔士大学天文学家发现了一颗系外
行星 Wolf 1061c，距离地球仅 14 光年，质量约为地球的 4.3 倍。该星
围绕着红矮星 Wolf 1061 公转，处于恒星系统的宜居带，是一颗固态行
星，有可能存在液态水，甚至可能存在生命。这是当时已知的太阳系外
最近的宜居星球。但是这一纪录很快被刷新。2016 年 8 月 24 日，欧洲
南方天文台宣布在距离地球最近的恒星——比邻星周围发现一颗位于宜

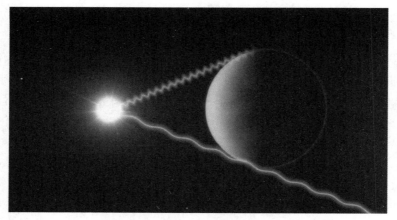

图 6-40　恒星光线穿过行星大气产生吸收光谱

居带内的行星，并将其命名为比邻星 b（Proxima b）。这一行星是通过多普勒效应发现的。精确的光谱分析发现，比邻星有时会以 5 km/h 的速度靠近地球，有时又以同样的速度远离地球，这一径向速度的重复周期为 11.2 天。天文学家由此推算出比邻星存在一颗约为 1.27 倍地球质量的行星，即比邻星 b。比邻星 b 距离地球约 4.22 光年，是迄今为止最近的宜居行星。

　　2014 年 9 月，亚利桑那大学博士孟朶等人使用史必泽太空望远镜观测 1200 光年远的恒星 NGC 2547-ID8 时，发现了行星形成初期的两颗原行星之间发生巨大撞击，产生剧烈的尘埃喷发现象（见图 6-41）。孟

图 6-41　恒星附近原行星碰撞产生的尘埃喷发

奂初中时曾独立发现一个新流星群，从小就是著名的"追星少年"。

在二十多年以前，系外行星的研究还是陌生而遥不可及的事情。现在，大量系外行星的发现给我们呈现出一个崭新而丰富的世界，研究对象和范围大大拓展。现代天文之手越伸越远，触及越来越多的原来不可想象的领域。天文学进入高速发展的时期。天文学的进展日新月异、层出不穷，人类在太空时代飞奔。爱因斯坦的狭义相对论和广义相对论在其中起了很大的作用。爱因斯坦曾经划了一个圆，说："人类已知的知识是有限的一个圆，未知的是圆外的世界，是无限的。"现在这个圆变得越来越大，而圆外，仍然是无限的。

第七章　超光速存在吗？

　　根据狭义相对论，物质的运动速度不可能超过真空中的光速。人们对这一结论产生了广泛的猜疑，设想了各种各样的实验来探讨超光速运动或者超光速通讯的可能性，也观察到了一些看似超光速的现象。超光速是否真的存在呢？

§7-1　光斑和影子的移动

　　一个著名的超光速实验是光斑移动实验。用一束光从高空斜照到海面上，在海面上形成一个光斑。保持光线倾斜角度不变，快速旋转光源，可以看到光斑快速移动，在海面上划出一个圆形。这个光斑的移动速度就有可能超过光速。

　　这是真的吗？这么容易就超光速了？我们来看一下。

　　假设光斑圆圈的半径是 1000 千米（见图 7-1），光源的转速为每秒200 转，那么光源转过半圈所需时间为（1/400）秒。设光线在时刻 0 射到海面上 A 点，经过（1/400）秒后光线射到 A 点的对径点 B 点。光斑从 A 点移动到 B 点经过的半圆长度为 $3.14 \times 1000 = 3140$ 千米，那么光斑移动的线速度为 3140 千米/[（1/400）秒]＝125.6 万千米/秒。这个速度已经超过光速几倍了！这是怎么回事呢？

　　我们来分析一下就会知道，这个光斑的移动速度其实并不是物质的运动速度。如果我们把 A 处遮挡使得 A 处不能出现光斑，可是没有光

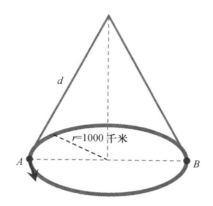

图 7-1　光斑移动实验

斑 A 并不影响光斑 B 继续出现，说明光斑 A 与光斑 B 并没有因果关系，不过是两道光先后出现而已，光斑 A 与光斑 B 是相互独立的。如果我们不是用旋转光，而是用环形光源同时照射，那么光斑 A 与光斑 B 同时出现，是否说明光斑 A 移动到光斑 B 不需要时间呢？

　　影子的移动也具有同样的现象。灯光把手的影子投到墙上形成手影，晃动手的时候，你会发现手影移动的速度比手的速度要快。手影与手晃动的速度之比等于它们到灯的距离之比。如果墙的距离足够远，手影的移动速度就有可能超过光速。这是因为墙上不同位置处的影子是不同的对象，其原理和光斑移动的实验是一样的。

图 7-2　手影

　　有一个有趣的故事很能说明这类超光速现象。小精灵和兔子赛跑。兔子一开始跑在前面，小精灵快要追上兔子时，兔子跑过弯道，然后藏了起来，同时在前方远处出现一个一模一样的双胞胎兔子继续跑着。小精灵跑过弯道，发现兔子瞬间跑远了。如此几次，小精灵发现自己永远跑不过兔子，于是只好认输。其实小精灵看到的是不同的观察对象，并不是同一个观察对象的速度变快了。

图 7-3　小精灵与兔子赛跑

　　《庄子·天下篇》里有惠施的一句话"飞鸟之景，未尝动也"，意思是说：飞鸟的影子其实是没有动的。影子看似在动，不过是旧的影子不断消失，新的影子不断产生罢了，后面的影子已经不是前面的影子了。《墨子·经下》云："景不徙，说在改为。"意思是说影子没有移动，只是旧影消亡新影产生而已。《墨子·经说下》云："景，光至而景亡。若在，尽古息。"意思是说光到达的时候，影子消失不见。影子虽已不见，但是就像还在那里，终古停留。飞鸟移动，原来的影子就消失不见了，后影已非前影，前影并未移动。胡适写过一首《景不徙》的诗，其中就引用了飞鸟之影不徙的典故。

景不徙（胡适）

飞鸟过江来，投影在江水。鸟逝水长流，此影何尝徙？

风过镜平湖，湖面生轻皱。湖更平静时，毕竟难如旧。

为她起一念，十年终不改。有召即重来，若亡而实在。

　　原子弹爆炸时，瞬时产生极强的光辐射，可以把物体的影子固定下来，留下影子的遗迹(见图 7-4)，让人看到历史上的影子，感受到"景不徙""若亡而实在"的痕迹。

图 7-4 广岛原子弹爆炸在桥上留下的影子

光斑和影子的移动实际上是不同观察对象之间的切换，并不是同一个对象在运动，因此这个移动的速度有可能超过光速，不同于普通物质的运动。在电影、电视中物体的运动也是如此，我们以为的同一物体不过是前后帧中具有相同形状的两个独立图像罢了。

§7-2　第三观察者

如果一艘飞船甲相对观察者丙以 $0.6c$ 的速度向左飞行，另一艘飞船乙相对观察者丙以 $0.6c$ 的速度向右飞行(见图 7-5)，对于丙来说，甲和乙之间的距离以 $1.2c$ 的速度增大。这种速度，两个运动物体之间相对于第三观察者的速度可以超过光速。但是，这两艘飞船相对于彼此的运动速度并没有超过光速。根据相对论速度合成公式，在甲的参考系中乙的运动速度是 $v=\dfrac{0.6c+0.6c}{1+0.6c\times0.6c/c^2}\approx0.88c$，在乙的参考系中甲的运动速度也是 $0.88c$。

图 7-5　第三观察者

第三观察者观察到的是两个不同物体的相对运动速度，具有两个不同的观察对象，类似前面的双胞胎兔子，而不是固定的一个观察对象，其观察结果只是一种视觉现象，并不是物体相对参考系的运动速度。乙相对甲的运动速度必须是以甲作为参考系观测出来的，而不是第三观察者的观测结果，而且不同的第三观察者其观测结果也不一定相同。我们在低速运动时常常得到物体运动速度与第三观察者的观测速度相等的结果，只是因为低速时二者差别很小，恰好比较接近，观测精度不足以区分而已。

§7-3　超光速旋转

太阳从地平线上升起的时候，一个人以每秒一次的速度转圈（见图 7-6），相对这个人来说，太阳以每秒一圈的速度转动。太阳距离地球约 1.5 亿千米，那么太阳相对这个人转动的速度约为每秒 9.4 亿千米，这个速度远远超过光速。

这里以转动的人作为参考的参考系并不是一个惯性系。在惯性系中，不受力的物体保持静止或匀速直线运动状态。在非惯性系中，不受力物体可以有非常复杂的运动形态，但这并不是物体自身的运动，只是相对观察者位置变化的观察结果或视觉效果。这种太阳绕人的转动并不是太阳真实的运动，而是视角变换时产生的视觉效果。因此这种超光速也只是一种视觉现象，并不是物质的真实运动速度。

图 7-6　太阳与人相对旋转

§7-4　回 光 效 应

声音碰到障碍物会发生反射,在原来的声音之外产生回声。恒星发出的光经过气体尘埃的反射也会产生类似回声的亮光,这种现象称作回光效应,也叫光回声效应或光回波效应。这种效应有时会产生视觉超光速的现象。

如图 7-7 所示,假设距离地球 2 万光年处有一颗恒星 A 发生了爆发,产生的强光沿 AE 路线到达地球,$AE=2$ 万光年,一部分光线在 B 处经过气体尘埃云反射,沿路线 ABE 到达地球,B 到 AE 的距离 BH $=7$ 光年,$AH=24$ 光年,那么

$$AB = \sqrt{AH^2 + BH^2} = \sqrt{24^2 + 7^2} = 25 \text{ 光年},$$

$$BE = \sqrt{HE^2 + BH^2} = \sqrt{19976^2 + 7^2} \approx 19976.001 \text{ 光年},$$

$$AB + BE \approx 20001.001 \text{ 光年},$$

$$AB + BE - AE \approx 1.001 \approx 1 \text{ 光年}.$$

两路光线的光程差是 1 光年,这表明我们看到恒星爆发的初始强光后,经过 1 年后看到 B 处反射的回光。光前进了 25 年从 A 处运动到 B 处,

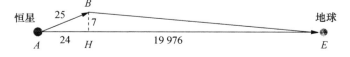

图 7-7　回光效应

产生 7 光年距离的横向投影。但是在视觉上看起来好像光只用了 1 年的时间就跑到了 7 光年远的地方，似乎亮光的传播速度达到了 7 倍光速，这实际上是回光效应造成的视觉假象。

2002 年 1 月，哈勃空间望远镜观测到麒麟座的一颗星等为 15 等的恒星 V838 Monocerotis 突然变亮了上万倍，成为银河系中亮度最大的星体，比太阳还要亮 60 万倍。这颗恒星 V838 距离地球约 2 万光年远，也就是说，这场爆发大概发生于 2 万年前，其光芒最近才到达地球。

将恒星 V838 拍摄于 2002 年 5 月至 12 月的照片（图 7-8 及彩插）进行对比，可以看到，在恒星本身（图片中央的红色核心）膨胀的同时，它周围的尘埃云也渐次被强光照亮。在 7 个月的时间里，麒麟座 V838 的可见结构的尺寸从 4 光年增长到 7 光年。在地球观察者看来好像爆发物质发生了超光速的膨胀，实际上这是回光效应造成的一种幻象，没有任何超光速运动发生。

图 7-8　麒麟座 V838 恒星爆发

§7-5　横向视超光速与类星体视超光速喷流

1966 年，英国天文学家里斯指出，以一定角度朝向观察者运动的遥远天体在观察者看起来可能像是有远大于光速的横向速度。

如图 7-9 所示，假设天体在时刻 t_0 位于 A 点，地球位于 E 点，天

体沿着与 AE 连线成 θ 角方向以速度 v 运动，于时刻 t_1 到达 B 点。那么有 $AB=v(t_1-t_0)$，观察者于时刻 $t_0'=t_0+AE/c$ 观察到 A 点处发出的光，于时刻 $t_1'=t_1+BE/c$ 观察到 B 点处发出的光。B 点在 AE 上的投影为 H 点，那么 $HB=AB\sin\theta$ 为天体的横向运动距离。天体非常遥远时，可以认为 $BE=HE$，$AE-BE=AH=AB\cos\theta$，那么观察者观察到天体从 A 点运动到 B 点的视觉时间（或表观时间）为

$$t_1'-t_0'=t_1-t_0-(AE-BE)/c=(t_1-t_0)(1-v\cos\theta/c)。$$

图 7-9　横向视超光速

$t_1'-t_0'<t_1-t_0$，因此视觉时间要小于真实时间。观察者观察到该天体的横向视觉速度为

$$v'=HB/(t_1'-t_0')=v\sin\theta/(1-v\cos\theta/c)，$$

当 $v(\sin\theta+\cos\theta)>c$ 时，就会有 $v'>c$ 成立。

根据三角公式

$$\sin\theta+\cos\theta=\sqrt{2}\cos(\theta-\pi/4)，$$

当 $0<\theta<\pi/2$ 时，有 $1<\sin\theta+\cos\theta<\sqrt{2}$，因此对 $(0，\pi/2)$ 区间的 θ 角，总有一定的速度 v 使得 $v'>c$，此时 v 满足 $c/\sqrt{2}<c/(\sin\theta+\cos\theta)<v<c$ 关系。对于固定的 θ 值，v' 相对 v 单调递增，当 $v=c$ 时取最大值

$$c\sin\theta/(1-\cos\theta)=c/\tan(\theta/2)，$$

因此当 v 接近于 c，θ 接近于 0 时，v' 将无限增大。当 $v=0.995c$，θ 为 10 度时，$v'\approx8.589c$，数倍超过了光速。同时，由于前灯效应，天体亮度被显著放大。

这种情况与回光效应比较类似，但回光效应是光的反射，有 $v=c$，而这里 $v<c$，是天体物质的高速运动。

天文学家在一些类星体中发现了超光速运动的现象。1972 年，人们发现类星体 3C120 的膨胀速度达到了 4 倍光速。此后，人们又发现类星体 3C273 内的两个辐射源（见图 7-10 及彩插）相互分离的速度达到

288 万千米/秒，是光速的 9.6 倍。类星体 3C279 内物质的运动速度达到光速的 19 倍。后来人们又发现了很多类星体的超光速运动现象。银河系内也发现了类似类星体的现象。1994 年，银河系中的 X 射线源 GRS 1915＋105 被发现存在 1.25 倍光速的超光速喷流，这一辐射源被称为微类星体。

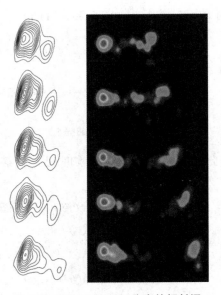

图 7-10　3C273/3C279 分离的辐射源

这一现象实际上是源于类星体或微类星体发出的亚光速喷流。类星体喷射的物质以接近光速离开类星体形成另一个辐射源，当这一辐射源以很小的夹角朝向观察者运动时，由于上面的效应就会出现视超光速现象，实际上并没有超过光速。

§7-6　视向超光速星系

朝向我们运动的星系的视速度有可能超过光速。我们现在观察到的 1 万光年远处星系的光实际上是 1 万年以前发出的，在宇宙中长途跋涉了 1 万年才到达地球。如图 7-11 所示，如果该星系以 0.6c 的速度朝向地球运动，那么该星系现在离我们只有 4000 光年远，需要 4000 年以后才能看到现在发出的光。这段时间星系的视位置变化了 6000 光年。看起来星系的速度达到 $1.5c$，超过了光速。这是一种视觉假象，是由于光速有限引起星系视位置与真实位置之间的延迟造成的。

　　假设星系在时刻 t_0 位于 A 点，以速度 v 朝向观察者 E 运动，于时刻 t_1 到达 B 点，那么有 $AB=v(t_1-t_0)$，观察者观察到 A 点处发出的光的时刻为 $t_0'=t_0+AE/c$，于时刻 $t_1'=t_1+BE/c$ 观察到 B 点处发出的光。观察者观察到星系从 A 点运动到 B 点的视觉时间为

$$t_1'-t_0'=t_1-t_0-AB/c=(t_1-t_0)(1-v/c),$$

那么观察者观察到星系运动的视觉速度为

$$AB/(t_1'-t_0')=v/(1-v/c)。$$

当 $v>0.5c$ 时，这个速度大于光速。

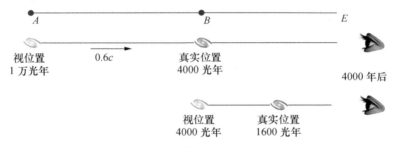

图 7-11　视觉速度超光速

§7-7　刚 体 振 动

　　在经典力学中，为了简化问题，经常用到刚体的概念。刚体是在任何力的作用下，体积和形状都不会发生改变的物体。如果敲击一根刚体棍子的一头，那么振动会立刻传递到棍子的另一头。这岂不是提供了一种超光速通讯的方式？

　　遗憾的是，刚体只是一种抽象的概念，理想的刚体是不存在的，振动在棍子中只是以声速进行传播。钢铁中的声速约为 5200 米/秒，金刚石中的声速可以达到 12 000 米/秒。由于力和能量传播的速度不会超过光速，声速归根到底是电磁作用的结果，因此任何材料中的声速都不可能超过光速。

我们在研究杯子的形状时，杯子的颜色对研究结果影响不大，可以将杯子的颜色等其他属性忽略掉，但并不是杯子真的就没有了颜色。我们不考虑物体的形变时，可以将物体的形变忽略掉，抽象成刚体，但当必须考虑形变时，就不能忽略掉。通过刚体来实现超光速的想法是虚幻的。

§7-8　相速度与群速度超光速

波的相速度，是指波的相位在空间中传递的速度。相速度是一种表观速度。如图 7-12 所示，用电钻在墙上钻洞时，看起来电钻的螺纹旋转着好像在高速前进，但是钻头却钻进得很少或者根本就没有钻进去。这种螺纹前进的速度就是相速度。理发店门前的旋转灯箱旋转时，灯箱上的条纹看起来在向上运动，实际上向上并没有动，这也是一种相速度。

图 7-12　钻头与灯箱的转动相位

一个波动的相速度可以轻易地超过真空光速。假设在星际火车上的人们站了一个 100 万千米长的队列，每个人按照预定的时间蹲下、站起形成起伏的人浪（见图 7-13）。从队列头的人蹲下到队列尾的人蹲下之间的时间差是 1 秒，那么看起来波动的相位 1 秒钟传递了 100 万千米。这个波动的相速度超过了光速。但是这里没有任何信息或能量的传递发生，信息的传递在波动开始前的约定中已经完成了。

大海中平行的波浪以一定的角度冲向直线的海岸，然后在岸边消失，消失的波头沿着海岸线运动形成一个相位波（见图 7-14）。这一运动只是一个视运动，显示了波浪的不同部位在海岸的不同位置消失。如果海浪与海岸线的夹角足够小，这种波头消失的速度有可能超过光速。当

图 7-13 起伏的人浪

海浪与海岸线平行时，这个速度为无穷大。这里波头的各个部分是独立的，没有信息或能量的传递发生。

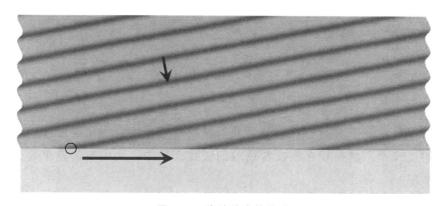

图 7-14 海浪消失的波头

剪刀闭合时，可以看到两片刀刃的交点在向前移动(见图 7-15)。这个交点的运动与海浪靠近海岸时波头消失的运动相似，也是一个视运动。实际上并没有什么物体在向前运动，运动的是两片刀刃，刀刃的运动速度是很小的。但是当两片刀刃的夹角非常小时，交点运动的速度就可以超过光速。如果两片刀刃平行，那么交点瞬间从一端运动到另一端，运动速度达到无穷大。

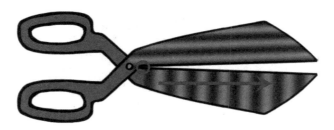

图 7-15 剪刀闭合时刀刃交点的速度

尽管相速度有时候会与物质的运动速度相等，但相速度不是物质的运动，只是一种表观的运动，因此相速度超光速是很普遍而自然的。相速度没有上限，可以无限大。这种相速度无法传递任何能量或信息。

波的群速度是指波的振幅外形上的变化（称为"波包"，见图 7-16）在空间中所传递的速度。波包一般是由多种不同频率的子波成分形成的包络以一个整体的形式传播于空间。

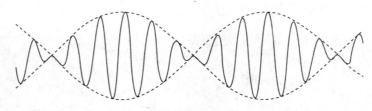

图 7-16　波包

多数情况下群速度代表能量或信息的传递速度，因此群速度一般不会超过光速。然而在存在反常色散的吸收介质中，会出现群速度超光速的情况。

色散是光线通过介质时不同频率的光折射率不同的现象。太阳光通过三棱镜后分解成红、橙、黄、绿、蓝、靛、紫七色光就是色散的结果（见图 7-17 及彩插）。正常色散的折射率随着频率增大而增大，紫光的折射率比红光大。1862 年，勒鲁用充满碘蒸气的三棱镜观察到紫光的折射率比红光小的现象，这两色光之间其他频率的光几乎全部被碘蒸气

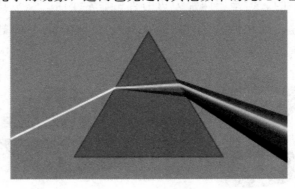

图 7-17　色散棱镜

吸收。勒鲁把这种与正常色散相反的色散现象称为反常色散。

2000 年，美国 NEC 研究所科学家王力军使一束宽度为 3.7 微秒的激光脉冲穿过一个长 6 厘米的铯原子气体室，铯原子气体被激发到一种具有反常色散的特殊量子态。实验发现由于强烈的反常色散，脉冲的波峰还没有进入气室，在气室的另一端就已经有波峰出现了，经过气室的脉冲波峰前移了 62 纳秒（见图 7-18）。与光经过 6 厘米真空室需要 0.2 纳秒相比，光脉冲在铯原子气体中的群速度为光速的 310 倍左右，而脉冲的能量和形状并没有发生较大改变。

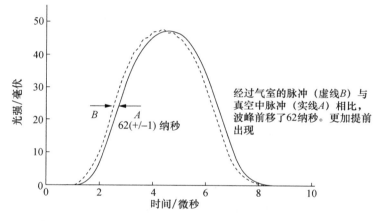

图 7-18　经过气室的脉冲波峰前移

实际上经过气室的光脉冲由不同频率的部分组成，由于反常色散，一部分被增益放大，一部分被吸收减弱了。最后的结果造成脉冲的前沿被放大，而脉冲的后沿被减弱了。好比一个举着旗帜前进的队伍（见图 7-19），后端举旗较高，旗杆的顶部形成一个波峰。队伍以固定的速度前进，经过一个路段时前面的人把旗杆举高，后面的人把旗杆降低，波峰移到了前部。如果只盯着波峰，看起来好像队伍的速度加快了，实际上队伍前进的速度根本没有变。如果队伍很长的话，有可能整个队伍只前进了 6 米，而波峰已经前进了 1860 米，波峰运动速度为队伍速度的 310 倍。

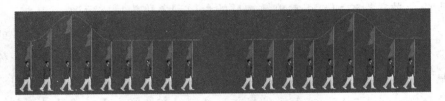

图 7-19　旗杆波包的运动

一般情况下，波包的速度也就是群速度能够代表脉冲的运动速度。但是这里在一个脉冲内波包发生了变化，其速度只是一个表观速度，不再代表脉冲的运动，实际上并没有超光速的运动发生。

王力军解释说："打一个不很严格的比喻，这就像天要刮风时，不会一下子就刮大风，而是先有一点微风飘来，强风随后才到。真正的信息传输，在微风飘来的时候已经完成，大家感受到这点微风就知道要刮大风了，而微风的传播速度不会超过光速。如果对风进行某种干预，改变强风到来的时间，可以使强风的速度变得很快，但这与实际信息传输的速度并没有什么关系。我们并不可以用这种方法来超光速地传递信息。"

§7-9　切伦科夫效应

由于介质中的光速比真空中的光速要小，粒子在介质中的运动速度是有可能超过介质中的光速的，但是不会超过真空中的光速。例如光在水中的传播速度约为 $0.75c$，中微子由于同物质的作用非常微弱，可以接近光速穿透任何物质，能够近似自由地穿过地球，因此中微子在水中的速度超过水中的光速。但是超越介质中的光速并不是真正的超光速。

1934 年，苏联物理学家切伦科夫（见图 7-20）发现在介质中运动的高能带电粒子速度超过该介质中的光速时介质中会发出一种以短波长为主的电磁辐射，其特征是浅蓝色的辉光。这一效应被称为切伦科夫效应，发出的辐射被称为切伦科夫辐射。

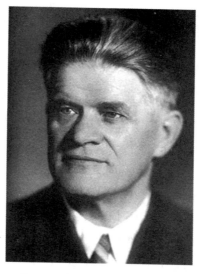

图 7-20　切伦科夫（1904—1990）

　　1958 年，切伦科夫与成功解释切伦科夫效应的另外两名苏联物理学家弗兰克、塔姆共同获得诺贝尔物理学奖。塔姆年轻时曾在乌克兰敖德萨大学担任物理教授。有一次他外出被匪帮当作探子抓住。他告诉土匪自己是教数学的大学教授。匪首竟然通晓高等数学，让他计算麦克劳林级数取到第 n 项会产生多少误差。塔姆当场计算了出来，被匪首从枪口下释放，逃了一命，世界上也因此多了一位诺贝尔物理学奖获得者。提出宇宙大爆炸理论的物理学家伽莫夫在《伽莫夫自传》中记录了这一真实的故事。塔姆还于 1950 年提出环形磁场约束高温等离子体的技术，目前世界上多国建造的受控核聚变超导托卡马克装置就使用了这一原理。

　　切伦科夫辐射在粒子物理学中是一项非常重要的研究手段。

　　切伦科夫效应可用于制作切伦科夫计数器，用于记录带电粒子所发出的微弱切伦科夫辐射。1955 年美国物理学家塞格雷与张伯伦运用切伦科夫计数器发现了反质子，两人因此共同获得 1959 年诺贝尔物理学奖。

　　超级神冈探测器是日本东京大学建造的一个大型中微子探测器，它位于日本岐阜县神冈矿山的一个深达 1000 米的废弃矿井内，主要部分是一个高 41.4 米、直径 39.3 米的圆柱形容器，盛有 5 万吨高纯度的水。它利用高速中微子在水中通过时产生的带电粒子导致的切伦科夫辐射来探测太阳、地球大气、超新星爆发等产生的中微子。1987 年超级神冈探测器第一次截获到由超新星 SN1987A 爆炸所释放的中微子。该项目领导者小柴昌俊因发现中微子振荡而获得 2002 年诺贝尔物理学奖。小柴昌俊在大学时是著名的差生，以倒数第一的成绩勉强毕业。他在获得诺贝尔奖后的记者招待会上，向人们展示了自己的大学成绩单，16 个科目中，拿优的只有 2 项。小柴昌俊为自己写的自传的书名就叫"我不是好学生"。小柴昌俊上高中时得了小儿麻痹症，住院期间，班主任送给他一本爱因斯坦的书，使他从此走上物理研究的道路。兴趣和坚持使得他能够在挫折中前进，最终获得了成功。

　　冰立方(IceCube)望远镜(见图 7-21)，全称冰立方中微子探测望远镜阵列，是建设在南极的一个巨型望远镜。这是由美国等数个国家和基金会发起的一个国际科研项目，目的是探测穿过地球的中微子，揭开宇宙起源的秘密。它的修建从 2000 年开始，于 2010 年竣工，整个项目耗资 2.79 亿美元。这个巨大的望远镜位于南极洲深达 2.44 千米的冰原下，分布在 1 立方千米的冰块内，由 86 根装备了传感器的电缆所组成。每根电缆包含有 60 个光学传感器，通过强力热水打孔放入到冰洞中。由于南极冰的透明度极高，这 5160 个传感器可以探测到中微子穿越南极冰时产生的切伦科夫辐射的蓝光，并追踪中微子的运动方向。目前冰立方已经探测到了来自宇宙的超高能中微子。

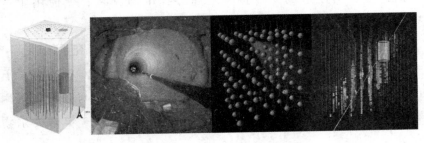

图 7-21　冰立方中微子望远镜

Belle 实验是一个国际合作的实验计划，实验中利用了切伦科夫效应来进行粒子探测。该实验有一个让一般高中生参与，了解物理学家如何发现新粒子的 B-Lab 科学营活动。参加该活动的高中生，由高能加速器研究机构的研究人员指导，使用一小部分 Belle 实验的真实数据来进行数据分析的工作。如果真的因此发现了新粒子，参加活动的学生将留名在 Belle 实验的侦测器上（不过目前还没有同学发现未知粒子）。

　　来自宇宙的高能伽马射线与地球高层大气发生相互作用，产生带电粒子，会发出切伦科夫辐射的蓝光，可以通过位于地面的超快光电传感器形成图像，进而推算伽马射线的能量。天文学家利用这一原理，已经建造了多个大型的切伦科夫望远镜（见图 7-22）来对宇宙伽马射线进行探测。

图 7-22　切伦科夫望远镜

§7-10　超新星 SN1987A

超新星 SN1987A（见图 7-23）位于距离地球 16.8 万光年远的大麦哲伦星云，它的前身星是一颗视星等为 12 等以下的蓝超巨星，估算质量为 18 个太阳质量。这颗超新星于 1987 年 2 月 23 日爆发，立即在全球天文界引起了轰动。这是自 1604 年开普勒超新星发现近 400 年以来最明亮的一次超新星爆发，肉眼很容易就能看到。这是 20 世纪最大的天体物理事件。在对 SN1987A 的观测中发现了超光速现象。

1987 年 2 月 23 日，世界时 7:35UT，分布于世界各地的三个中微子探测器同时探测到一股中微子爆发。日本的神冈探测器探测到 11 个中微子，美国的 IMB 侦测器探测到 8 个中微子，苏联的 Baksan 侦测器探测到 5 个中微子，爆发持续时间为 13 秒。大约在三个小时之前，意大利的勃朗峰（Mt. Blanc）探测器检测到一个有 5 个中微子的中微子爆发。科学家们意识到宇宙中发生了什么事情，把望远镜对准了天空，可是没有找到什么特别的目标。

第二天，1987 年 2 月 24 日 5:31UT，在位于南半球的智利拉斯坎帕纳斯天文台，谢尔顿和杜阿尔德在用望远镜对大麦哲伦星云拍照时发现一颗新的 5 等星，用肉眼可以清晰地看到。他们立即报告给国际天文联合会 IAU。IAU 确认这是一个超新星爆发，迅速通报全世界天文台，并命名该超新星为 SN1987A（含义是 1987 年发现的第一颗超新星）。稍后不久，新西兰尼尔森的业余天文爱好者琼斯独立报告在 8:52UT 用他的 30×78 望远镜观测到这颗超新星，亮度为 6.5 等（有云），并且他在前一天 23 日 9:21UT 用同一设备观察相同位置并没有发现这颗星。在澳大利亚库纳巴拉班的赛丁泉天文台，麦克诺特在检查前一天的胶片时，发现在 23 日 10:37UT 拍到该星的亮度为 6.0 等，这是已知的 SN1987A 爆发光线到达地球的最早时刻。

图 7-23　超新星 SN1987A 爆发前后

中微子探测器的科学家这才明白，他们要找的目标就是这颗超新星 SN1987A，是它的爆发导致了探测器的中微子流。他们没有找到目标是因为他们在北半球，看不到南半球的星空，而中微子可以很容易地穿透地球，到达北半球的中微子探测器中。

但是问题来了，SN1987A 爆发产生的中微子比爆发的强光早了 3 个小时以上来到地球，中微子运动的速度超过了光速吗？

要注意到中微子的超强穿透性。超新星爆发的最初一瞬间，在恒星的核心处产生了大量的中微子和光子，中微子可以很轻易地穿透整个恒星向外传播，但是恒星对光子是不透明的，光子在恒星内部反复散射，经过几个小时之后才突破星体，发射出来。因此在地球上观测到中微子提前到达。

1988 年 3 月 4 日，克罗茨在他拍摄的 SN1987A 的照片上，发现两条半径分别为 32 角秒和 47 角秒的大亮弧，SN1987A 刚好位于亮弧的圆心。亮弧的半径还在不断增大。由于 SN1987A 距离地球 16.8 万光年，计算可以得到，这两道亮弧的膨胀速度分别达到光速的 25 倍和

37 倍，大大超过了光速！

这亮弧实际上是超新星爆发的强光照射到星际物质上产生的光回波（见图 7-24），这种超光速现象是回光效应造成的视觉假象。

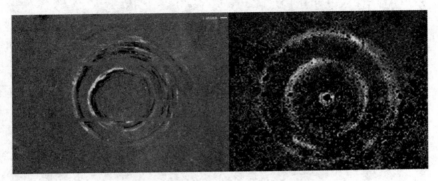

图 7-24　超新星 SN1987A 的光回波

SN1987A 的亮度在 1987 年 5 月达到顶峰，视星等达到 3 等，然后慢慢变暗。几个月后，它在地球上逐渐看不见了。似乎辉煌已经结束，SN1987A 将从此暗淡下去。

但是三年以后，1990 年 4 月 24 日，有史以来最强大的哈勃空间天文望远镜发射升空了。哈勃望远镜一上天空，立即展现出强大的威力，马上找到了 SN1987A，拍到的第一张照片就引起轰动（见图 7-25 及彩插）。SN1987A 再度吸引了全世界的目光。出乎人们的意料之外，在它的外面居然有一个十分美丽的明亮光环，环的直径约 1 光年。这个环状结构由恒星爆炸 20 000 年以前所抛射的物质组成。

图 7-25　哈勃望远镜拍到的 SN1987A（1990 年）

随着哈勃望远镜传回更加清晰的图像，人们发现，在 SN1987A 的光环外面还有两个更大的外环。外环比内环暗弱很多，地面望远镜无法识别。整个 SN1987A 形成一个奇异的三环结构（见图 7-26 及彩插）。

图 7-26　SN1987A 的三环结构

哈勃望远镜对 SN1987A 进行了长期观测，拍下一系列照片。对比历年的照片人们发现，从 1994 年开始，在 SN1987A 的内环上首先出现了一个亮点，像一颗璀璨的珍珠，然后亮点逐渐增多，最后填满内环，把内环变成了一条美丽的珍珠项链（见图 7-27 及彩插）。

超新星爆发时抛出大量物质，形成强烈的激波。激波高速冲向内环，猛烈撞击并加热环中的气体，在气体中形成一个个的热斑。这些热斑环绕内环，形成一条珍珠项链。随着时间的推移，这些热斑将合并成一整条明亮的光带，最终逐渐变暗。

SN1987A 还有许多未解之谜有待研究。人们仍然不清楚恒星爆发之前的演化过程，对三环结构的形成机制也还没有定论。科学家认为爆发的残骸中可能会形成一颗中子星，但是到目前还没有找到它存在的线索。这颗中子星可能被尘埃掩盖了，也可能形成了一个黑洞。

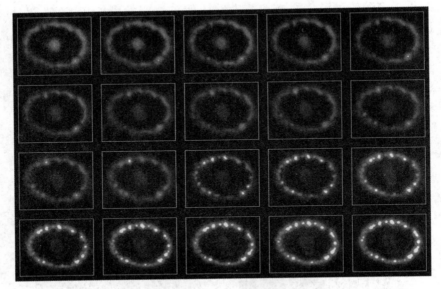

图 7-27　SN1987A 的珍珠项链

§7-11　其他超光速实验

人们设计了很多超光速实验，确实也发现了一些超光速现象，但要么并不是真正意义上的超光速（表观超光速或视觉超光速，如双胞胎兔子、超光速星系等），要么就是实验出现了错误。

2011 年 9 月，意大利格兰萨索国家实验室 OPERA 实验小组研究人员使用一套装置，接收 730 千米外欧洲核子研究中心（CERN）发射的中微子束，发现中微子比光子快了 60 纳秒到达，即每秒钟多"跑"了 6 千米。如果这一超光速现象被证实，物理学将被重建。经过对该实验的多次重复验证和检测，到 2012 年 3 月，物理学家们宣布，之前的实验结果被确认存在错误。

到目前为止，狭义相对论的理论经历了很多考验，但是都以狭义相对论的正确性告终，并没有受到真正的挑战。

第八章 相对论动力学

狭义相对论改变了牛顿绝对时空观，距离和时间的概念都发生了改变。牛顿绝对时空被相对时空取代。相应地，牛顿力学也将发生改变，需要改造为相应的相对论动力学。

§8-1 牛顿力学与狭义相对论的冲突

根据牛顿第一定律或者惯性定律，物体在不受力时保持匀速直线运动状态或者静止状态。物体受到力的作用时运动状态发生改变，产生加速度。根据牛顿第二定律，加速度的大小与所受力的大小成正比，与物体的惯性质量成反比，其公式表示为 $a = f/m$ 或 $f = ma$。

按照牛顿力学，物体在恒力作用下，具有固定的加速度，其速度直线增加，如果力的作用时间足够长，物体的运动速度可以达到任意值，必然会超过光速（见图 8-1）。

但是根据狭义相对论，真空中的光速是物质运动速度的极限，任何一个物体，无论怎样加速，其速度都不可能超过光速。那么物体在恒力作用下，不可能无限加速下去，速度的增加必然会变慢，并以光速为上限（见图 8-2）。随着物体运动速度的增加，物体越来越难以被加速，意味着物体的惯性质量增大了。

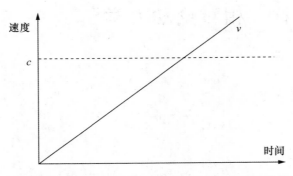

图 8-1　根据牛顿力学，物体在恒力作用下，速度直线增加

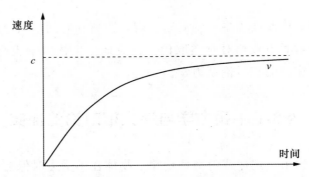

图 8-2　根据相对论，物体在恒力作用下，速度增加变慢，以光速为上限

§8-2　考夫曼实验

1901 年德国物理学家考夫曼用镭辐射的 β 射线高能电子做实验，第一次观察到了电子的质量随速度而增加的现象（见图 8-3(a)）。

1906 年，考夫曼提高了实验的精度，得到了高速电子荷质比随速度增加而递增的更精确的实验结果（见图 8-3(b)）。这个结果符合狭义相对论的预期，看似支持了爱因斯坦的理论，但是考夫曼声称他的实验结果从数值上不符合爱因斯坦的公式，显示爱因斯坦理论是错误的，而认为当时的另一个理论——亚伯拉罕理论是正确的。

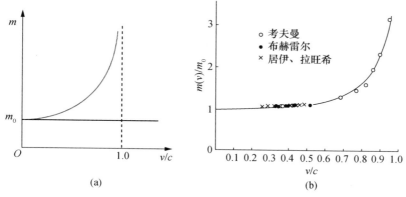

图 8-3　电子质量随速度变化

考夫曼的实验在当时引起了很多科学家的关注。在很长一段时间内，该实验的结果一直显得对支持相对论的一方相当不利。对于考夫曼的实验结果，爱因斯坦只是长久地保持沉默，他不相信自己推导出的理论会是错的："这理论主要吸引人的地方在于逻辑上的完备性。从它推出的许多结论中，只要有一个被证明是错误的，它就必须被抛弃。要对它进行修改而不摧毁其整个结构，那似乎是不可能的。"果然，1908 年德国物理学家布赫雷尔发表了支持爱因斯坦观点的实验数据，该数据比考夫曼的结果具有更大的精确性。人们发现考夫曼的实验精度不足以区分爱因斯坦和亚伯拉罕的模型。此后人们又做了许多次试验，通过不断地提高精度，最后才于 1940 年最终确认爱因斯坦的公式是正确的，以及亚伯拉罕理论的错误（仅限这一实验，其他实验早已证实爱因斯坦理论的正确性）。

§8-3　贝托齐实验

1964 年，美国麻省理工学院的贝托齐做了一个实验来验证电子的极限速率。如图 8-4 所示，该实验中电子由静电加速器（直线加速器 LINAC）加速后进入一无电场区域，然后打到铝靶上。电子通过无电场区域的时间可以由示波器测出，因而可算出电子的速率。电子的动能可以由加速电压 U 测出。

实验数据显示，随着电子动能的增加，电子的速率增加变慢，并以光速 c 为极限速率。

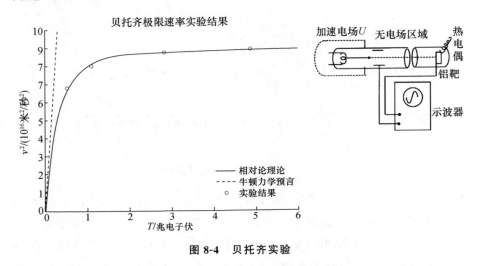

图 8-4   贝托齐实验

贝托齐实验的结果符合狭义相对论的理论，而与牛顿力学的预言差别很大。

§8-4   质心运动守恒

在惯性系中，不受力的物体保持静止或者匀速直线运动状态。如果物体由多个部分组成，其不同部分之间可以相互作用，各部分由于相互作用而可能偏离静止或者匀速直线运动状态，但是物体作为一个整体，其质量中心（简称质心）仍然保持原有的静止或者匀速直线运动状态。

观察一艘无动力的宇宙飞船，该飞船在远离星体的太空中靠惯性做匀速直线运动。如果飞船内有人或大质量设备左右来回移动，那么飞船的运动也会产生相应的或右或左摇摆，看起来像是做 S 形运动而不是匀速直线运动（见图 8-5）。由于没有外力作用，我们很容易推测是飞船内部有物体在移动导致飞船质量分布发生了变化。无论飞船怎样摆动，其质量中心始终在原来的航线上做匀速直线运动。没有外力，飞船不可能整体偏离原来的航线。

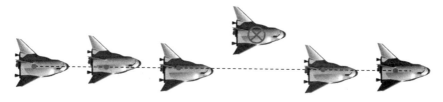

图 8-5 无动力自由飞行的飞船

这一规律就是质心运动守恒定律（又叫质心不变原理）：质点系不受外力作用或者所受合外力等于零时，质心保持静止或者匀速直线运动状态。质心运动守恒定律是惯性定律的更一般的情况，惯性定律是质心运动守恒定律在只有一个质点或质点间相对位置保持不变时的特殊情况。1687 年，牛顿在《自然哲学的数学原理》一书中指出："两个或两个以上的物体的共同重心，不会因物体本身之间的作用而改变其运动或静止的状态。因此，所有相互作用着的物体如无外来作用和阻碍，其共同重心将或者静止，或者等速沿一直线运动。"这里牛顿所说的重心实际上指的就是质心。牛顿第一次提出了质心运动守恒定律。

质心被认为是质点系的质量集中于此的一个假想点，为质点系质量分布的平均位置。设由 n 个质点组成的质点系，其各个质点的质量分别是 m_1，m_2，$\cdots$，m_n，空间坐标分别是 (x_1, y_1, z_1)，(x_2, y_2, z_2)，$\cdots$，(x_n, y_n, z_n)，质心的坐标为 (x_0, y_0, z_0)，那么

$$x_0 = \frac{m_1 x_1 + m_2 x_2 + \cdots + m_n x_n}{m_1 + m_2 + \cdots + m_n},$$

$$y_0 = \frac{m_1 y_1 + m_2 y_2 + \cdots + m_n y_n}{m_1 + m_2 + \cdots + m_n}, \tag{8.1}$$

$$z_0 = \frac{m_1 z_1 + m_2 z_2 + \cdots + m_n z_n}{m_1 + m_2 + \cdots + m_n}。$$

如果各质点质量相同，质心坐标就是各质点坐标的平均值。

对于质心运动守恒也可以从对称性进行简单的理解。

如图 8-6 所示，假设在宇宙飞船的真空舱里有三个宇航员 A，B，C，质量完全一样，悬浮在真空舱里，与舱壁没有任何接触。如果不凭借外物或外力，宇航员不能改变悬浮的位置。宇航员 A 和 B 之间通过

一根质量可以忽略不计的轻杆相互作用，相互接近或者远离。在飞船惯性系中看来，A 和 B 是对等的，相互之间总是移动相同的距离，A，B的质心也就是 A，B 的中点 D 是飞船中的固定点。A，B 相对 D 点对称，初始状态是对称的，如果没有产生造成对称性破坏（对称性破缺）的条件，那么结果状态也是对称的，也就是说 A，B 的位置始终相对飞船中固定点 D 对称。因此，A，B 相互作用时 A，B 的质心 D 保持不变。A，B，C 三者的质心 O 位于 C，D 连线上也保持不变。同样的道理，当 B 和 C 通过轻杆相互作用时，B，C 的质心 E 保持不变，A，B，C三者的质心仍然保持不变。

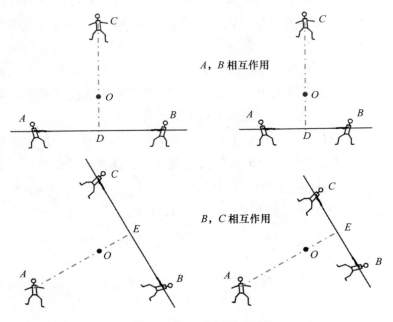

图 8-6　相互作用质心不变

　　假设质点系由很多相同质点组成，如果这些质点各自在做匀速直线运动，没有发生碰撞，那么这些质点的质心也保持匀速直线运动状态。如果其中两个质点发生碰撞，其他质点状态不变，那么可以找到一个惯性系，使得这两个质点在该系中的速度大小相等方向相反。两个质点的运动状态在这个惯性系中完全对称，碰撞后也将保持对称性，碰撞前后这两个质点的质心保持不变。整个质点系的质心运动状态也保持不变。

　　质心运动守恒是空间运动对称性的表现，以上例子可以帮助读者进行理解。

　　太空行走的宇航员都有一根带子与飞船连着（见图 8-7）。宇航员离开飞船后，可以改变和调整身体的姿态，但是如果不借助外力，其质心的运动状态不会改变，即使近在咫尺，他也无法返回飞船，所以用一根"安全带"系着以保证安全返回。也有在航天服上安装推进器的，通过向一个方向喷射物质而使宇航员向相反方向运动，喷射物与宇航员的总体质心并没有改变。

图 8-7　太空行走的宇航员

§8-5　运动物体的质量

　　假定有两个小球，它们完全相同，并且以完全相等的速度彼此朝对方运动，最后发生了对心碰撞。那么，碰撞之后，它们的运动方向必定正好彼此相反，速率大小仍然相等。从碰撞点看来，两个小球的运动在碰撞前是完全对称的，那么碰撞后的运动也应当是完全对称的。假定碰撞是弹性的，那么碰撞后的速率大小也将与碰撞前完全一样。

　　如图 8-8 所示，以碰撞点 O' 为原点，两个小球中心连线为 x' 轴建立起坐标系。两个小球在碰撞前均以速率 v 沿着 x' 轴向原点相向运动，在原点发生碰撞，碰撞后分别以速率 v 沿着 x' 轴向相反方向运动，相当于两个小球交换了速度。O' 是两个小球的质量中心（质心）。

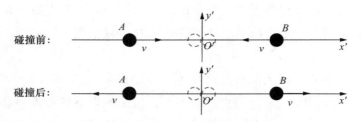

图 8-8　两个小球的碰撞

如图 8-9 所示，将坐标系 $O'x'y'$ 以速度 v 向左运动得到一个新的坐标系 Oxy，小球碰撞时原点重合。那么坐标系 $O'x'y'$ 相对 Oxy 以速度 v 向右运动。在 Oxy 中看来，碰撞前，右边的小球 B 静止不动，左边的小球 A 以速度 u 向右运动。碰撞后，两个小球交换速度，小球 A 静止不动，小球 B 以速度 u 向右运动。根据相对论速度合成公式 $u = \dfrac{u' + v}{1 + u'v/c^2}$，得 $u = \dfrac{2v}{1 + v^2/c^2}$。

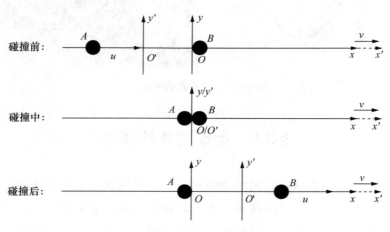

图 8-9　两个小球的碰撞

这种碰撞情形在牛顿摆和台球定杆打法（母球撞击目标球后，纹丝不动，稳稳定在原地，目标球以母球同样的方向和速度向前运动）中很常见（见图 8-10）。

如图 8-11 所示，在 Oxy 参考系中观察，碰撞后，小球 A 静止不动，假设质量为 m_0，小球 B 以速度 u 向右运动，假设质量为 m_u。根据

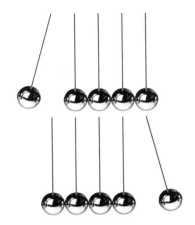

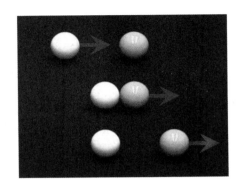

图 8-10 牛顿摆与定杆台球

质心运动守恒，A，B 两个小球的质量中心位于 O' 点，在 $O'x'y'$ 中静止不动，在 Oxy 参考系中以速度 v 向右运动。$AO' = vt$，$AB = ut$，那么 $O'B = (u-v)t$，于是可以得到

$$m_0 vt = m_u(u-v)t,$$

或者

$$m_u = m_0 v/(u-v) = m_0/(u/v-1)。$$

碰撞后：

图 8-11 小球碰撞后情形

根据前面的结论 $u = \dfrac{2v}{1+v^2/c^2}$，可以得到

$$u/c = \frac{2v/c}{1+v^2/c^2},$$

$$u/v - 1 = \frac{2}{1+v^2/c^2} - 1 = \frac{1-v^2/c^2}{1+v^2/c^2},$$

那么

$$(u/c)^2 + (u/v-1)^2 = 1。$$

于是
$$m_u = m_0/(u/v - 1) = m_0/\sqrt{1 - (u/c)^2}。$$

这就是著名的运动物体质量公式：

$$m_u = \frac{m_0}{\sqrt{1 - u^2/c^2}}。$$

它表明，物体在以速度 u 运动时，其运动质量 m_u 比静止时的质量 m_0 增加了，并且当物体运动速度 u 趋于光速 c 时，其运动质量 m_u 趋向于无穷大。

这个公式的常见形式为

$$m = m_0/\sqrt{1 - v^2/c^2}。 \tag{8.2}$$

反过来可以得到从运动质量计算静止质量的表达式：

$$m_0 = m\sqrt{1 - v^2/c^2}。 \tag{8.3}$$

这里公式的推导中使用了弹性碰撞的假设，但这个条件不是必须的，非弹性碰撞也能得到同样的结论。这个公式在历史上由很多种方法得到，最早由爱因斯坦得出，其中以美国物理学家费曼在《费曼物理学讲义》中介绍的方法最为简单，易于理解。我们上面给出的方法比费曼的方法更加简单易懂。

§8-6　相对论动量

动量是表征物质运动的物理量。物质和运动不可分，没有不运动的物质，也没有脱离物质的运动。速度只描述物质的运动，而动量则是物质和运动的结合，因而动量能够比速度更好地描述物质运动。

在牛顿经典力学里，运动物体的动量定义为物体的质量与运动速度之乘积。动量是一个矢量，其方向与物体运动速度的方向一致，公式表示为

$$\boldsymbol{p} = m\boldsymbol{v}。$$

在相对论力学里，这个定义仍然保持不变，但是与经典力学不同的是质量成为随速度而变的可变量了。

$$p = mv = \frac{m_0 \boldsymbol{v}}{\sqrt{1 - v^2/c^2}}。 \tag{8.4}$$

一个物体的动量表征了这个物体在运动方向上保持运动的趋势。物体没有受到力的作用时，动量保持不变；物体受到力的作用时，动量发生改变。因此可用动量变化率来定义物体所受力的大小：

$$f = \frac{\Delta \boldsymbol{p}}{\Delta t} = \frac{\Delta(m\boldsymbol{v})}{\Delta t}。 \tag{8.5}$$

在经典力学里，物体的质量是常数，不会发生变化，于是

$$f = \frac{\Delta(m\boldsymbol{v})}{\Delta t} = m\frac{\Delta \boldsymbol{v}}{\Delta t} = m\boldsymbol{a},$$

力等于质量与加速度的乘积，这就是中学教材里给出的牛顿第二定律的形式。在相对论力学里，由于质量随速度而变化，这一形式的牛顿第二定律不再成立。在物体运动速度远小于光速时，质量的变化小到可以忽略不计，这时才可以适用该形式的牛顿第二定律。

作用在物体上的力与作用时间的乘积称为冲量：

$$\boldsymbol{I} = \boldsymbol{f}\Delta t。 \tag{8.6}$$

冲量是力的作用效果在时间上的积累。

动量定理：物体所受合外力的冲量等于物体动量的增量，

$$\Delta \boldsymbol{p} = \boldsymbol{I} = \boldsymbol{f}\Delta t。 \tag{8.7}$$

经典力学里的动量守恒定律在相对论力学里仍然成立。动量守恒定律：如果一个系统不受外力或者所受合外力等于零，那么这个系统的总动量保持不变。

§8-7　相对论动能与质能方程

假设一个静止质量为 m_0 的物体，在固定力 f 的作用下，从静止开始运动一段时间 t，达到速度 v，此时的质量为 m。由于力 f 的大小为动量的变化率，因此可以得到

$$ft = mv = m_0 v/\sqrt{1 - v^2/c^2}。$$

经过简单变换可以得到 v 随时间变化的表达式为

$$v = ft / \sqrt{m_0^2 + f^2 t^2 / c^2} \tag{8.8}$$

以及

$$m = \sqrt{m_0^2 + f^2 t^2 / c^2}。 \tag{8.9}$$

物体运动的速度曲线如图 8-12 所示，可以看到速度 v 增加逐渐减慢，以 c 为上限。

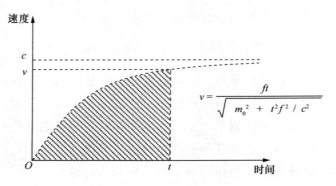

图 8-12　物体在恒力作用下运动

假设物体运动的距离为 s，那么 s 为图中阴影部分的面积，其值在数学上是一个定积分：

$$s = \int_0^t v \mathrm{d}t = \int_0^t \frac{ft}{\sqrt{m_0^2 + f^2 t^2 / c^2}} \mathrm{d}t。 \tag{8.10}$$

在附录 4 中，我们不使用微积分，仅仅使用初等数学的方法，得到面积 s 的表达式，也就是上述定积分的结果为

$$s = \frac{c^2}{f}(\sqrt{m_0^2 + f^2 t^2 / c^2} - m_0) = \frac{c^2}{f}(m - m_0)， \tag{8.11}$$

那么，力 f 对物体所做的功为

$$W = fs = mc^2 - m_0 c^2。 \tag{8.12}$$

如果力 f 增大一倍，运动的距离 s 减少一半，物体将具有相同的运动质量和速度。

根据动能定理，力对物体所做的功等于物体动能的增量。而物体静止时动能为零，这就得到运动物体的相对论动能公式

$$E_k = mc^2 - m_0 c^2。 \tag{8.13}$$

注意到动能 $E_k = mc^2 - m_0 c^2$ 表现为两个能量之差，我们换一个形式来看，可以得到

$$mc^2 = E_k + m_0 c^2。$$

记 $E_0 = m_0 c^2$，$E = mc^2$，那么

$$E = E_k + E_0。 \tag{8.14}$$

这里 E_k 为动能，为物体运动时具有的能量，在物体静止时的值则为 0。E_0 为物体静止时具有的能量，与物体的运动速度无关，称为物体的静止能。E 为物体动能与静止能的总和，是相对论意义上物体的总能量，或相对论能量。

这里我们得到了著名的质能关系式或质能方程：

$$E = mc^2。 \tag{8.15}$$

这个公式又称为爱因斯坦质能方程，它揭示了物质所蕴含的总能量与质量之间的关系：总能量与物质的质量成正比。它表明了任何物质都蕴藏着极其巨大的能量，因而预言了原子能或核能的存在，为原子弹、氢弹与核电站（见图 8-13）的能量来源提供了理论基础。因此这一公式被称作"改变世界的方程"。这个公式也表明物质的质量和能量二者紧密联系、不可分割。

图 8-13 原子弹、氢弹与核电站

§8-8 相对论能量-动量关系

一个静止质量为 m_0，运动速度为 v 的物体，其运动质量的公式为 $m = m_0/\sqrt{1-v^2/c^2}$。平方去根号，得到

$$m^2 c^2 = m_0^2 c^2 + m^2 v^2 。$$

两边同乘以 c^2，得

$$m^2 c^4 = m_0^2 c^4 + m^2 v^2 c^2 。$$

把总能量 $E = mc^2$，静止能 $E_0 = m_0 c^2$ 和动量 $p = mv$ 代入上式，得

$$E^2 = E_0^2 + p^2 c^2 。 \tag{8.16}$$

这就是相对论的能量-动量关系，总能量、静止能和动量与光速的乘积构成一个直角三角形的三条边（见图 8-14）。

动能 $E_k = E - E_0$，因此

$$(E_k + E_0)^2 = E_0^2 + p^2 c^2 。$$

由此，得

$$E_k^2 + 2E_k E_0 = p^2 c^2$$

或

$$E_k^2 + 2E_k m_0 c^2 = p^2 c^2 。$$

这就是相对论动能与动量的关系。在低速运动 $v \ll c$ 时，$E_k \ll E_0$，上式左边第一部分 E_k^2 可以忽略不计，得 $E_k = p^2/2m_0$，回到了经典力学的情形。

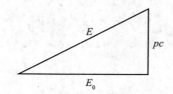

图 8-14 相对论能量-动量关系式

8-8-1　光子的质量与动量

1905 年，爱因斯坦提出了光子假说，成功解释了光电效应，因此获得 1921 年诺贝尔物理学奖。因为当时还有很多物理学家不接受相对论，诺贝尔奖委员会只好以光电效应授予爱因斯坦诺贝尔物理学奖，但在颁奖词上提及"理论物理学领域的其他贡献"，暗指相对论。爱因斯坦发展了德国物理学家普朗克的量子理论，认为光的发射、吸收和传播的过程是不连续的，由一个一个的量子组成。这种光量子被称作光子，光子的能量由光的频率决定，其公式为

$$E = h\nu, \tag{8.17}$$

其中 $h \approx 6.626\,069\,57(29) \times 10^{-34}$ 焦耳·秒为普朗克常数，ν 为光的频率。

爱因斯坦的光子理论超前于实验，超越了经典的电磁理论，如同相对论一样也长期不被科学界接受，直到 1916 年被美国物理学家密立根通过实验精确证实。密立根也因此获得 1923 年诺贝尔物理学奖。密立根坦言，他做光电效应实验时，本来反对爱因斯坦的理论，希望通过实验证实经典电磁理论，但是在事实面前只能服从真理，精确的实验结果使他宣布爱因斯坦的光电理论得到了证实。

频率为 ν 的光子具有的能量 $E = h\nu$，根据相对论质能方程 $E = mc^2$，可以得到光子的运动质量为

$$m = \frac{E}{c^2} = \frac{h\nu}{c^2}。 \tag{8.18}$$

光子的速度 $v = c$，根据运动物体的质量公式可以得到光子的静止质量 $m_0 = m\sqrt{1 - v^2/c^2} = 0$。如果光子的静止质量不为 0，那么运动质量将为无穷大。因此光子的静止能为零：

$$E_0 = 0。 \tag{8.19}$$

光子的全部能量表现为动能：

$$E_k = h\nu = mc^2。 \tag{8.20}$$

把静止能 $E_0 = 0$ 代入能量动量关系式 $E^2 = E_0^2 + p^2c^2$，得

$$E = pc, \tag{8.21}$$

由此得到光子的动量

$$p = \frac{E}{c} = \frac{h\nu}{c}。 \tag{8.22}$$

这说明光子具有动量。

　　光子的静止质量虽然为零，但是由于光子具有能量，因而具有非零的运动质量和动量。

8-8-2　光压及应用

　　光子具有动量这一事实揭示了光照射到物体表面上时会对物体表面产生压力，就是光压。

　　1901 年，俄国科学家列别捷夫首次用实验证实了光压的存在。如图 8-15 所示，列别捷夫在高度真空的容器内用一根细丝悬挂起一个极轻的悬挂体，上面固定两个薄片小翼，其中一个表面是光亮的，能够反射几乎全部光线，另一个表面涂黑，能够吸收几乎全部光线。细丝上挂有一个反光镜，一束参考光经过反光镜反射到远处的标尺上，可以通过标尺测量到细丝极细微的转动，这一方法称为镜尺法。用强光分别射向两个小翼，通过悬挂体的转动列别捷夫测得了光压的大小，涂黑表面所受的光压比光亮表面所受的光压少一半，与理论完全符合。

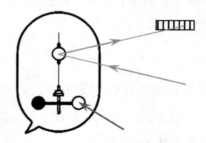

图 8-15　列别捷夫光压实验

　　彗星的尾巴（见图 8-16）背对着太阳的部分原因就是太阳的光压。当彗星靠近太阳时，彗星中的尘埃和气体分子由于受到太阳辐射的光压和太阳风作用而产生了彗尾，彗尾永远指向太阳的反方向。

图 8-16　彗尾

2005 年，俄罗斯发射了以太阳光为动力的"宇宙 1 号"飞船。该航天器是世界上首次使用太阳帆作为动力装置的航天器（见图 8-17）。太阳帆航天器是一种利用太阳光的压力进行太空飞行的航天器，在没有空气的宇宙空间中，太阳光子会连续撞击太阳帆表面，使太阳帆获得持续动量，从而给航天器飞行提供动力。

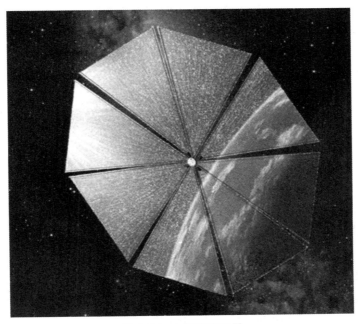

图 8-17　太阳帆航天器

"宇宙一号"拥有 8 片长达 15 米、总计 600 多平方米的超薄三角状聚酯薄膜帆，帆面涂满反射物质，并呈风车状排列，飞船总重量仅有 50 千克。虽然该船因为运载火箭故障发射失败，但是用光压作为航天器动力的思想第一次得到了实践，在人类航天史上具有非常重要的意义。

在宏观尺度上，光压的力量非常小，但是在纳米尺度上，光压的力量却是可观的。科学研究中常常利用光压的力量来控制和移动极为微小的物体。

1985 年美国贝尔实验室的华裔物理学家朱棣文使用激光的光压来降低原子的运动速度，首先实现了用激光冷却和捕获原子的方法，制造出了接近绝对零度的低温，因而被誉为"能抓住原子"的人。朱棣文因此项工作与同事一起荣获 1997 年诺贝尔物理学奖。

朱棣文用三个正交方向的六束激光来照射原子，每个方向上有两束激光相对照射（见图 6-18）。由于多普勒效应，原子运动前方射来的光会发生蓝移，频率变高，能量增强，原子运动后方射来的光会发生红移，频率变低，能量降低。因此无论原子向哪个方向运动，前方的光压都会大于后方的光压，原子的运动速度最终逐渐降低，被冷却和捕获。

图 8-18　朱棣文用三个方向的六束激光给原子减速

物理学家和生物学家应用激光的光压发展出一种叫"光镊"的技术，用来实现对原子和微小颗粒的操控和捕获。1986 年，美国贝尔实验室科学家阿斯金发现只需要一束高度聚焦的激光，就可以形成稳定的能量阱将透明微粒稳定俘获。聚焦后的激光光束最窄的部分会存在非常强的光强梯度，微粒会被吸引至光强梯度最高的区域，也就是光束的中心。因此，光镊又叫做单束光梯度力光阱。

如图 8-19 所示，光子穿过微粒时发生折射，运动方向发生了变化，动量发生了改变。根据动量守恒，微粒将得到一个与光子的动量变化相反的动量。因此微粒将受到一个与光子动量变化方向相反的力，而不是受到与光子运动方向相同的力。在聚焦光束的作用下，微粒受到的合力总是指向光束的中心。这种力形成一个光阱，使得微粒最后将被约束稳定在光束的焦点附近。

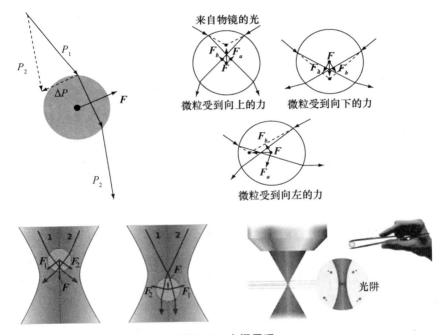

图 8-19 光镊原理

光镊使用光压的力量来抓住并移动微小物体，是一种特殊的无形镊子，光学的微机械手，可以对生物细胞、大分子、纳米机械、集成电路器件等物体进行非接触的、无损的操控。科研人员用光镊完成了各种实验，例如抓取大肠杆菌、夹住并拖拽红细胞疏通血管、给 DNA 分子打结、解开 DNA 分子缠绕、分选染色体、生物器件组装、驱动微机械、操控纳米半导体器件、在硅表面进行纳米加工等。美国科学家已经研究出一种可以同时捕获并操纵 15 000 个微粒的光镊，大大加强了光镊的功能。光镊技术跨越物理、化学、材料、机械、生物、医药、生命科学等领域，在未来将具有无穷无尽的发展空间。

第九章 广义相对论

　　狭义相对论完全改变了经典牛顿力学的时间和空间概念，为物理学创造了一个全新的框架。在这个框架下，牛顿力学成了狭义相对论在低速运动情形下的近似。但是这个框架只能描述无引力的惯性系中的运动，并不能描述牛顿万有引力定律。1907 年，爱因斯坦提出了等效原理，1915 年 11 月，爱因斯坦发表了引力场方程，完成了广义相对论理论，把万有引力定律纳入了狭义相对论的框架中，对引力给出了全新的解释。广义相对论对引力的描述解释了多个牛顿定律无法解释的现象，如水星近日点的进动、光线引力偏折等，并且已经为观测结果所证实。广义相对论还预言了很多现象，如黑洞、引力透镜、引力波等，都先后被证实。

　　广义相对论使用了比较高深的数学工具，涉及张量、黎曼空间、微分几何、偏微分方程等，很难用初等的方法进行描述。但是，我们仍然可以在初等数学的基础上进行一定程度的粗浅理解，从门外一窥广义相对论的奥秘。

　　由于初等方法很难完全准确表达广义相对论的思想，只能做有限的理解。对于有高等数学基础的读者，有其他一些很好的广义相对论书籍可以阅读，如陈斌的《广义相对论》，赵峥、刘文彪的《广义相对论基础》，俞允强的《广义相对论引论》，梁灿彬的《微分几何入门和广义相对论》等。

§9-1　惯性质量与引力质量

　　惯性是物体保持原有运动状态的性质。惯性定律亦即牛顿第一定律指出一切物体在没有受到力的作用时，总保持匀速直线运动状态或静止状态。物体在受到力的作用时会改变运动状态。惯性质量是物体惯性大小的量度，也是物体运动状态改变难易程度的量度。

　　引力作用是人们迄今为止认识到的宇宙中四种基本相互作用之一。1687 年，牛顿在《自然哲学的数学原理》中，首次提出了万有引力定律，揭示了苹果落地与天体运行受着同样的引力作用支配。任何两个物体之间都存在着相互吸引的力的作用，引力的大小与两物体的质量的乘积成正比，与两物体之间距离的平方成反比。作者在附录 5 中对此给出了一个初等的推导方法。这一定律的公式表示为

$$F = G\frac{m_1 m_2}{r^2},\qquad(9.1)$$

其中 m_1，m_2 分别为两个物体的质量，r 为两物体之间的距离，$G \approx 6.67 \times 10^{-11}$ 牛顿·米^2/千克^2 为万有引力常数。

　　确定引力大小的物体质量称为引力质量。引力质量与惯性质量是物质的两种不同的物理属性，反映的是不同的力学规律，我们分别使用 $m_{引}$ 和 $m_{惯}$ 来区分这两种质量。人们通常用天平、杆秤、磅秤或电子秤（见图 9-1(a)）等各种秤来称量物体的质量，这种利用地球对物体的引力（重力）称量出的物体质量实际上是引力质量。有一种惯性秤（见图 9-1(b)），使用振动法，利用惯性质量不同的物体振动周期不同来测量物体的惯性质量。

(a)　　　　　　　　　　　　　　　(b)

图 9-1　天平与惯性秤

爱因斯坦曾非常生动地以地球和石头间的引力为例，来说明引力和惯性是完全不同的两种物理属性。他说："地球以重力吸引石头而对其惯性质量毫无所知。地球的'召唤'力与引力质量有关，而石头所'回答'的运动则与惯性质量有关。"我们可以不把引力质量叫作质量，类比电磁学里产生静电力的静电荷，完全可以叫引力荷之类的名称，物体因为引力荷而相互吸引，因为惯性质量而产生加速度，这样二者的区别就很清晰了。

　　从概念来看物体的引力质量与惯性质量好像没有什么关系，如同静电荷与惯性质量没有什么关系一样。那为什么都叫质量呢？二者之间有没有什么数量关系呢？伽利略的比萨斜塔自由落体实验（见图 9-2）给我们提供了线索。

　　古代学者亚里士多德认为，物体下落的快慢是由它们的重量大小决定的，物体越重，下落得越快。亚里士多德的论断影响深远，在其后两千多年的时间里，人们一直信奉他的学说。

图 9-2　比萨斜塔实验

但是伽利略看出了亚里士多德的理论内部包含的矛盾。他在 1638 年写的《关于两门新科学的对话》一书中指出：根据亚里士多德的论断，一块大石头的下落速度要比一块小石头的下落速度大。假定大石头的下落速度为 8，小石头的下落速度为 4，当我们把两块石头拴在一起时，下落快的会被下落慢的拖着而减慢，下落慢的会被下落快的拉着而加快，结果整个系统的下落速度应该小于 8。但是两块石头拴在一起，加起来比大石头还要重，因此重物体比轻物体的下落速度要小。这样，就从重物体比轻物体下落得快的假设，推出了重物体比轻物体下落得慢的结论，亚里士多德的理论陷入了自相矛盾的境地。伽利略由此推断重物体与轻物体下落得一样快。

　　伽利略于 1590 年在著名的比萨斜塔上做了一个自由落体试验，让一个 1 磅重和一个 10 磅重的两个不同铁球从塔顶同时下落，结果两个铁球同时落地，以实验驳倒了亚里士多德的结论。伽利略的学生维维安尼在他撰写的《伽利略传》中记载了这一事件。然而也有很多人质疑伽利略是否亲自做过这一实验。有人做了对立的实验，让羽毛和石头同时下落，但石头先落地，从而说明重的物体落得快。伽利略认为这是因为羽毛太轻，空气阻力对羽毛起了很大的作用。但是当时没有条件在真空中进行实验。直到牛顿时代，抽气机被发明了。牛顿设计了钱毛管（又叫牛顿管，见图 9-3）实验，证实了在抽掉空气的真空管中，羽毛和金属钱币下落一样快。

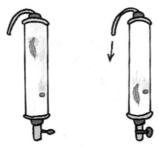

图 9-3　钱毛管实验

　　1971 年，执行阿波罗 15 号登月任务的美国宇航员斯科特在没有空气的月球上，当着向全球直播的电视摄像机的面，将锤子和羽毛同时扔出，两样东西同时掉到了月球表面（见图 9-4）。他喊到："你们知道吗？伽利略先生是正确的。"这说明在没有空气阻力的情况下，引力场中物体的下落时间不仅与物体的质量无关，而且与构成物体的物质成分无关。

图 9-4　阿波罗登月

落体实验并非伽利略首创，在伽利略之前，荷兰数学家斯蒂文（见图 9-5）于 1586 年在荷兰代尔夫特教堂塔顶上将重量比为 10∶1 的两个铅球从 30 英尺高空的同一高度同时落下，落在可以发出清晰响声的地板上面，结果两个铅球落地时发出的声音听上去就像是一个声音一样，证明了两个铅球是同时落地。在英国人梅森所著的《自然科学史》中记载了这一实验。这是关于落体理论的第一次实验，证明了亚里士多德的落体理论是错误的。斯蒂文的实验结果早于伽利略的工作，但在当时并未受到重视。斯蒂文是欧洲最早发明十进制小数的人，他还发现了力的平行四边形法则，奠定了静力学的基础。

图 9-5　斯蒂文（1548—1620）

轻、重物体同时落地这一事实具有很重要的含义。根据牛顿第二定律和牛顿万有引力定律，我们可以写出下列描写落体运动的方程：

$$m_{惯} \, g = G \frac{M m_{引}}{R^2}。 \tag{9.2}$$

由此得到

$$g = \frac{m_{引}}{m_{惯}} \left(G \frac{M}{R^2} \right) \tag{9.3}$$

或者

$$\frac{m_{惯}}{m_{引}} = \frac{GM}{R^2 g}, \tag{9.4}$$

其中 $m_{引}$ 和 $m_{惯}$ 分别表示物体的引力质量和惯性质量，M 是地球的引力质量，R 是物体距地心的距离，g 为重力加速度。

　　比萨斜塔自由落体实验表明，不论任何物体，在地球引力作用下产生的加速度都是相同的，它们具有同样的运动状态。也就是说，g 对不同的物体都是一样的，与具体的物体无关。那么由上式看来，不同物体的 $m_{惯}/m_{引}$ 值都是相同的，或者说 $m_{惯}/m_{引}$ 是一个普适常数，与具体物体的性质没有关系。$m_{惯}/m_{引}$ 为常数（或者说 $m_{惯}$ 与 $m_{引}$ 成正比）与 $m_{惯}/m_{引}$ ＝1 是等价的，因为我们可以通过单位制的调整将这个常数变换为1，引力质量为 1 千克的物体其惯性质量是固定不变的，将其定义为 1 千克惯性质量。那么我们可以认为

$$m_{惯} = m_{引}。 \tag{9.5}$$

这就是说：物体的惯性质量和引力质量是相等的。

　　牛顿为了考察物体的惯性质量和引力质量，使用了两个摆长都是 11 英尺（约 3.35 米）的单摆，摆锤分别是两个木盒子，其中一个装满了木头，另一个先后放进重量相同的金、银、铅、玻璃、沙子、食盐、水、小麦等不同的东西，然后观察两个摆的摆动。单摆的周期公式为

$$T = 2\pi \sqrt{\frac{m_{惯}}{m_{引}} \frac{l}{g}}, \tag{9.6}$$

只有当 $m_{惯}/m_{引}$ 为常数时，两个摆的周期才会相同。牛顿发现，无论替换什么材料，两个摆的摆动周期始终一样。牛顿最后证明，惯性质量与

引力质量在 10^{-3}（千分之一）的精度范围内是相等的。

§9-2　厄 缶 实 验

　　为了进一步证实惯性质量和引力质量的等同性，匈牙利物理学家厄缶（见图 9-6）设计了一台极为精密的扭秤，在 1890—1915 年间，持续做了 25 年的实验，以极高的精度证实了惯性质量等于引力质量。

图 9-6　厄缶（1848—1919）

　　与伽利略自由落体实验和牛顿单摆实验等动态方法相比，厄缶的实验以静态的方式进行，大大减少了机械摩擦和空气阻力的影响，又通过扭秤的光学系统将微弱效应放大，因而实验的精度极大提高。

　　厄缶的方法非常精巧：如图 9-7 所示，用石英丝悬挂一个小球，小球受到地球的引力 F（重力）和悬丝的拉力 T 作用，F 的方向指向地心，T 的方向沿着细丝下垂的方向，这两个力的合力 f 形成小球绕地轴随地球自转做圆周运动的向心力，f 的方向垂直指向地轴。因此悬丝下垂的方向并不恰好指向地心，而是与地心方向有一个夹角 φ，这个角度由纬度 θ 及 f 和 F 决定。引力 F 与小球的引力质量 $m_引$ 成正比（$F = m_引 \dfrac{GM}{R^2}$，M 为地球质量；R 为地心距离），向心力 f 与小球的惯性质量 $m_惯$ 成正比（$f = m_{惯} r \omega^2$，r 为地轴距离，ω 为地球自转角速度），如果惯性质量与引力质量之比 $m_{惯}/m_{引}$ 不变，夹角 φ 就不变。如果 $m_{惯}/m_{引}$ 发生变化，φ 会在南北方向上发生一个偏移，增大时偏向地球赤道方向，减小时偏向地球两极方向。

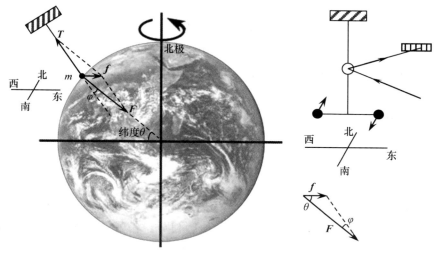

图 9-7　厄缶扭秤实验

厄缶在石英悬丝的末端悬挂一个轻的横杆，横杆两端相同臂长处悬挂两个质量相同材料不同的小球，形成一个扭秤。扭秤处于平衡状态，其方向指向东西向。如果两个不同小球的 $m_{惯}/m_{引}$ 不同，那么会在南北方向上产生一个转矩，使扭秤发生转动，此转矩会被悬丝的扭力矩所平衡。将整个实验装置旋转 $180°$，使两球的位置互换，那么转矩的方向正好相反，应该观察到扭秤偏转了一个角度。这个偏转的角度很小，厄缶在悬丝上面挂上一个反光镜，用一束光照射到反光镜上，再反射到远处的标尺上，这样可以测出悬丝极小的转动。通过这个装置，厄缶证明了在 10^{-8}（亿分之一）的精度范围内惯性质量和引力质量是相等的。

厄缶之后，很多科学家对厄缶的实验进行了改进，更加提高了精度，证实了在 9×10^{-13} 的精度范围内惯性质量与引力质量相等。

由于厄缶的扭秤灵敏度极高，可以用来探测不同地方重力场的极细微变化，很快在地球物理方面得到了很多应用。厄缶使用扭秤测量了大陆块之间微小的引力差别。人们使用厄缶扭秤来勘探石油和天然气，在捷克、德国、埃及和美国的石油勘探中，在寻找盐丘等储油构造方面获得了很大成功。从 20 世纪 20 年代到 30 年代，人们借助于厄缶的扭秤，在全世界找到了数百个油田。在天然地震方面，通过使用厄缶扭秤观测重力随时间的变化，可以为地震预测研究提供依据。真是无心插柳柳成荫，墙内开花墙外香，厄缶为验证引力质量和惯性质量等同性所设计的扭秤，在应用方面结出了累累硕果。由于厄缶扭秤测量时间长、仪器笨重，在地球物理勘探中逐步被后来出现的小型轻便的重力仪所取代，但是它在历史上发挥了很大的作用，开启了重力勘探领域，创造了应用地球物理学的开端。

§9-3　等效原理与爱因斯坦电梯

为什么惯性质量和引力质量完全等同呢？在经典物理学中，这被看作一个巧合，并没有重要意义。无论是伽利略、牛顿，还是厄缶等人都没有能够对此做出解释。但爱因斯坦却从这几百年来司空见惯的事实中，找到了新理论的线索。爱因斯坦认为：这绝不是简单的巧合，在它的背后，必然有更深刻的道理。他曾写道："在引力场中，一切物体都具有同一个加速度，这一点可以表述为惯性质量与引力质量相同的定律。这在当时，就使我认识到它的全部重要性。我为它的存在感到极为惊奇，并猜想其中必定有一把可以更加深入地了解惯性和引力的钥匙。"在这把钥匙的引导下，爱因斯坦窥见了引力的本质，提出了等效原理，建立了广义相对论的引力理论。

等效原理是广义相对论的一个基本原理，也是整个广义相对论的核心。等效原理有两个不同程度的表述：弱等效原理与强等效原理。爱因斯坦使用了一个假想的思想实验来对等效原理进行说明。爱因斯坦在 1922 年曾回忆等效原理这一思想产生的关键时刻："有一天，突破口突然找到了。当时我正坐在伯尔尼专利局办公室里，脑子里突然闪现了一个念头：如果人正在自由下落，他决不会感到他有重量。我吃了一惊，这个简单的理想实验给我的印象太深刻了，它把我引向引力理论。我继续想下去：下落的人正在做加速运动，可是在这个加速参照系中，他有什么感觉？他如何判断面前所发生的事情？"这就是被物理学界称为"爱因斯坦电梯"的思想实验。爱因斯坦宣称，这是他一生中最快乐的一个念头，它成了广义相对论的敲门砖。

如图 9-8 所示，假设在一个封闭的电梯里，有各种的实验设备，一个物理学家在里面做力学实验。一开始电梯停在地球的地面上，地面的重力加速度为 g，物理学家观察到电梯里所有的物体都受到一个向下的引力，他也能感受到电梯地板向上的支持力，将一个小球从电梯上部释放，小球会以加速度 g 加速向电梯地板下落。过了一会儿，物理学家睡着了，一个淘气的小精灵偷偷地把电梯拉到远离天体、没有引力作用的宇宙空间，让电梯自由运动。这时电梯处于匀速直线运动状态或者静止状态，可以看作一个惯性参考系。然后，小精灵以加速度 g 加速向上拉动电梯。这时，物理学家睡醒了，他继续进行实验，各种实验现象与在地面时完全一样，以至于他竟然没有发现已经到了太空。物理学家感受到电梯地板同样大小的支持力，将物体从电梯上部释放，所有物体都以同样的加速度向地板下落。所有的物体仿佛都受到一个向下的力将物体拉向地板，这个力就是惯性力。

图 9-8 弱等效原理

物理学家拉开电梯的窗帘，透过电梯的玻璃这才发现自己已经离开了地球，到了太空之中，电梯中观察到类似引力的效果只是因为在做加速运动。联想到闭牖行舟的舟行不觉原理，物理学家认识到自己观察到了一个重要的物理学原理，这就是弱等效原理：局部引力场中的引力和加速参考系中的惯性力不可区分，或者说任何力学实验都无法区分局部引力场中引力的效果和加速参考系中惯性力的效果。如同考灵曜之舟上封闭大船里的观察者无法判断大船是否运动一样，封闭电梯里的物理学家无法判断电梯是在局部引力场中还是在做加速运动。之所以限制在局部引力场，是因为如果电梯很大，那么电梯中不同部分的地球引力场是不均匀的，引力的大小和方向不一样，还是能够区分的，而局部引力场的引力可以看作是均匀的。弱等效原理的成立是以引力场使一切物体得到同样的加速度为基础的，也就是说，是以惯性质量和引力质量相等为基础的。事实上，"局部引力场中的引力和加速参考系中的惯性力不可区分"与"惯性质量和引力质量相等"这两个论断是等价的，所以在有的书中，干脆就直接将惯性质量和引力质量相等称为弱等效原理。

　　如图 9-9 所示，小精灵停止拉动电梯，让电梯在宇宙空间静止或自由运动。物理学家发现电梯进入了失重状态，来自地板的支持力消失了，轻轻释放一个小球，小球会悬浮在空中静止不动。此时的电梯成为一个惯性系，在这个惯性系中可以完全适用狭义相对论。物理学家关上窗帘，继续睡觉。在他睡着了的时候，小精灵又将电梯拉回地球，但并不让电梯着地，而是在空中释放，让电梯自由下落，同时唤醒物理学家。物理学家醒来后继续进行实验，发现电梯仍然处在失重状态，与在太空中漂浮时没有任何区别，似乎引力并不存在，没有观察到任何引力作用的痕迹。轻轻释放一个小球，小球仍然会悬浮在空中静止不动。因此他并没有意识到已经回到了地球，以为还处在太空惯性系中，直到他拉开电梯窗帘，看到熟悉的地球。我们知道狭义相对论只能描述无引力的惯性系中的运动，现在物理学家认为引力消失了，自己所在的参考系与太空惯性系没有任何区别，因此在这个参考系中照样可以适用狭义相对论的定律。于是物理学家得到另外一条物理学原理，这就是强等效原理：局部引力场中自由下落的参考系与无引力场的惯性系不可区分，狭义相对论的定律在其中完全成立。

图 9-9　强等效原理

根据强等效原理，封闭电梯里的物理学家无法判断电梯是在局部引力场中自由下落还是在无引力场的太空惯性系中。因此，在引力场的局部可以借助于一个自由降落的参考系将引力场消除，从而建立一个局部的惯性系。在这个局部的惯性系中，与在无引力场的太空惯性系中一样完全适用狭义相对论的定律。

§9-4　等效原理的空间验证

厄缶实验已经在很高的精度上对等效原理进行了验证，但是由于等效原理的重要性，随着实验手段的进步，科学家们计划在空间卫星上对等效原理进行进一步更高精度的验证。验证方法是使用一对由不同物质组成的检验质量，观察其下落速度的极小差异。在地球上，物体在落到地面之前只能下落很少的时间，但在卫星轨道上的物体实际上是在环绕地球下落，所以它们可以持续下落很长时间。引力微小的差异可以随着时间累积起来，就可能会增加到足以探测的程度。

法国国家太空研究中心 CNES 的小型卫星（MICROSCOPE）项目计划在 10^{-15}（一千万亿分之一）的精度上对等效原理进行验证（见图 9-10）。实验使用材料分别为铂和钛、铂和铂的两对圆筒形检验质量来检验等效原理的破坏情况，相同材料的一对检验质量用来排除系统误差等干扰信号。该卫星在发射日期多次推迟之后，于 2016 年 4 月 26 日成功发射升空，运行在距离地面 700 千米高的太阳同步轨道上。

图 9-10　MICROSCOPE 卫星

美国斯坦福大学和一个国际合作小组正在共同研发一个被称为等效原理检验卫星（STEP）的项目（见图 9-11）。STEP 计划使用四对检验质量来对等效原理进行检验。实验物体被放在一个大的液态氦箱中，这样可以使得它们免受外部温度涨落的干扰。再用一个超导壳层包住实验物体，这样可以屏蔽掉外界电磁相互作用。此外，STEP 上的微推进器可以消除大气阻力对于卫星轨道的影响，从而使得实验物体可以近乎完美地自由下落。如果等效原理存在偏差，一个实验物体下落时就会与其他的有一些不同，一段时间后实验物体之间的排列就会发生微小的变化。实验将在 10^{-18}（一百亿亿分之一）的精度上对等效原理进行验证。STEP 计划目前还处在设计之中。

此外，国际上还有多个空间计划来对等效原理进行检验，多处于理

图 9-11　STEP 卫星

论研究或地面实验阶段。

这些空间项目如果能够检测到等效原理的偏差，将引发现代物理学的一场革命。最终检验结果无论等效原理的偏差存在与否，都将具有非常重要的意义。

§9-5　广义相对性原理

狭义相对性原理把伽利略相对性原理推广到了整个物理学领域，但是只限于惯性参考系之中，并不能包括非惯性参考系。物理定律在一切惯性系中具有相同的形式，而且相对非惯性系而言是最简单最优美的形式。在非惯性系中，物理定律的表述必然更为复杂一些。比如，自由物体(不受外力作用)在惯性系中做匀速直线运动，在非惯性系中将不做匀速直线运动而做更为复杂的运动，因此物理定律在这种参考系中当然会表现为一种较为复杂的形式。

经典力学是从惯性定律或牛顿第一运动定律出发的：一切物体在没有受到力的作用时，总保持匀速直线运动状态或者静止状态。爱因斯坦将其表述为：离其他质点足够远的质点继续做匀速直线运动或继续保持静止状态。然而，这一基本定律只有相对惯性系 K 才有效，而相对于

非惯性系 K'，这一定律并不成立。

我们尽量在惯性系中来描述所有的物理定律以得到最方便、最简洁的形式，但实际上在自然界中却根本找不出一个真正的惯性系来：地球在围绕太阳转动，太阳又在绕着银河系的中心转动，银河系整体也在运动，宇宙中的一切物质都在运动，而且并不是在做严格的匀速直线运动。为什么自然定律必须在自然界中并不存在的惯性系中才能显示出其真正面目呢？那么我们是如何在非惯性系中发现了力、热、声、光、电等如此多的物理定律并建立起物理学的庞大体系的呢？

爱因斯坦对此提出了质疑。他在《狭义与广义相对论浅说》中说道："为什么要认定某些参考物体（或它们的运动状态）比其他参考物体（或它们的运动状态）优越呢？此种偏爱的理由何在？""我在经典力学（或在狭义相对论中）找不到什么实在的东西能够用来说明为什么相对于参考系 K 和 K' 来考虑时物体会有不同的表现。"他在《关于相对论原理和由此得出的结论》中说道："迄今为止，我们只把相对论原理，即认为自然规律同参照系的状态无关这一假设应用于非加速参照系。是否可以设想，相对性运动原理对于相互做加速运动的参照系也依然成立？"

根据狭义相对性原理（舟行不觉原理），我们无法在封闭的大船中通过物理实验证明大船是静止还是在做匀速直线运动。爱因斯坦考察了一个在无引力的宇宙空间被恒力拉动加速上升的箱子（爱因斯坦电梯），箱子中的人不能区分箱子是在惯性系中加速上升还是静止地悬挂在引力场中。爱因斯坦认为："虽然我们先认定箱子相对于伽利略空间在做加速运动，但是也仍然能够认定箱子是在静止中。因此我们确有充分理由可以将相对性原理推广到也能把相互做加速运动的参考物体包括进去的地步，因而对于相对性公设的推广也就获得了一个强有力的论据。"这一结论建立在等效原理的基础上。爱因斯坦指出："我们必须充分注意到，这种解释方式的可能性是以引力场使一切物体得到同样的加速度这一基本性质为基础的。这也就等于说，是以惯性质量和引力质量相等这一定律为基础的。如果这个自然律不存在，处在作加速运动的箱子里的人就不能先假定出一个引力场来解释他周围物体的行为，他就没有理由根据经验假定他的参考物体是静止的。"

爱因斯坦提出："所有参考物体 K、K' 等不论它们的运动状态如何，对于描述自然现象（表述普遍的自然界定律）都是等效的。"这就是广义相对性原理，又叫广义协变性原理，一般描述为：一切参考系对于描述物理定律都是等效的。

相对于狭义相对性原理，广义相对性原理把物理定律的适用范围从惯性系推广到所有参考系，包括非惯性系中，去掉了惯性系在相对论理论体系中的特殊地位。因此，非惯性系与惯性系在描述自然方面具有平等的权利，自然界中存在的一切参考系都能同样有效地体现出自然定律，在一个参考系中建立起来的物理定律，通过适当的坐标变换，可以适用于任何参考系，并不存在一种优越的、专能体现自然定律的特殊参考系。

§9-6　引力场方程

等效原理提供了一个有效的途径使得我们可以使用狭义相对论对均匀引力场或局部引力场进行分析。爱因斯坦在《关于引力对光传播的影响》一文中提到："从理论上来考查那些相对于一个均匀加速的坐标系而发生的过程，我们就获得了关于均匀引力场中各种过程的全部历程的信息。"

地心引力场是不均匀的。如果电梯很大，两个自同一高度向地心自由下落的小球，其距离不断缩减，因而电梯中将看到两个小球悬浮在空中，却在不断靠拢，这与太空无引力场情形是不一样的。

对于不均匀引力场，直观的思路是用均匀引力场来近似。如图 9-12 所示，这种方法把引力场划分成一个一个的小网格，每一个小网格近似看成一个均匀引力场，在其中可以适用等效原理和狭义相对论。小网格变得无穷小时，似乎就得到真实的解。但是物理学家席尔德在 20 世纪 60 年代证明了平直时空中要完成引力理论是不可能的，必须用到高深艰涩的黎曼几何弯曲时空理论。我们在初等数学里只能做这样粗浅的近似理解。

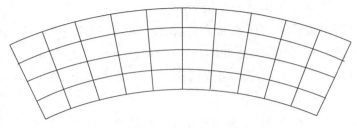

图 9-12　引力场网格

爱因斯坦在 1907 年就发现了等效原理，然而他直到 1915 年才得到爱因斯坦引力场方程，完成广义相对论的理论体系。这其中花了 8 年时间，主要原因就在于数学上的复杂性和困难性，使他没找到合适的数学工具来进行分析。刚开始时爱因斯坦很自然地使用了欧几里得几何作为工具。这一数学工具只能解决平直空间中的问题，并不能处理复杂的引力场。爱因斯坦虚心地向很多数学家进行请教和学习，最后在他的同学，数学家格罗斯曼（见图 9-13）的帮助下找到了黎曼几何和张量分析的工具，才得到引力场方程的表达式。爱因斯坦曾经跟格罗斯曼说："你一定要帮我，要不我会疯的。"格罗斯曼是爱因斯坦攻克广义相对论最重要的助攻手。爱因斯坦大学毕业两年的时候还没有找到工作，格罗斯曼请他的父亲帮助爱因斯坦争取到了伯尔尼专利局的一个职位。格罗斯曼总是在关键时刻对爱因斯坦伸出援助之手。

图 9-13　格罗斯曼（左）与爱因斯坦（右）

在回顾研究广义相对论的这段历史时，爱因斯坦曾坦率地承认，他过去轻视数学是一个极大的错误。他反省道："我在一定程度上忽视了数学"，"在几年独立的科学研究之后，我才逐渐明白了在科学探索的过程中，通向更深入的基本知识的道路是同最精密的数学方法联系在一起的"，"我开始对数学产生了极大的敬畏，以我的驽钝，若能从中领会到它的精妙之处，对我都近乎是一种奢侈的赏赐"。数学对广义相对论的诞生起到了至关重要的作用。

这里展示一下爱因斯坦引力场方程的公式：

$$R_{\mu\nu} - \frac{1}{2} g_{\mu\nu} R = \frac{8\pi G}{c^4} T_{\mu\nu}, \tag{9.7}$$

其中，$R_{\mu\nu}$ 为里奇曲率张量，$g_{\mu\nu}$ 为时空度规张量，R 为标量曲率，$T_{\mu\nu}$ 为能量-动量张量，G 为万有引力常数，c 为光速。这个方程式的左边表达的是时空的弯曲情况，而右边则表达的是物质及其运动。"物质告诉时空怎么弯曲，时空告诉物质怎么运动。"（惠勒语）它把时间、空间和物质、运动这四个自然界最基本的物理概念联系了起来，具有非常重要的意义。由于内在的复杂性，在初等数学的范围内还无法理解这个公式的含义。我们现在也不必理解，只须瞻仰一下爱因斯坦的伟大。

引力场方程的提出标志着广义相对论体系的建立。这一成就的获得异常艰难，爱因斯坦在努力钻研期间忍受着常人难以想象的痛苦和孤独。他把所有时间都用在工作上，就连缝补袜子的工夫都没有。爱因斯坦在给一位朋友的信中写道："我每天超负荷工作，这简直是非人的生活。"1912 年，爱因斯坦给物理学家索梅菲尔德的信中提到："这是我有生以来最艰苦的工作，还没有比这更苦的。"而在另一封写给贝索的信中大吐苦水说："研究工作每进展一步都异常艰苦。"除此之外，爱因斯坦还承受着来自其他竞争者的压力。德国著名数学家希尔伯特就是众多竞争者中的一位。当时他试图在爱因斯坦之前计算出广义相对论的方程式，并且给爱因斯坦写信表示，他已经"找到解决问题的方法"。爱因斯坦在回信中说，"你的观点和我几星期前得出的结果一模一样"，并表示他已经将演算结果寄给权威机构。几个月后，爱因斯坦在一次讲座中公布了自己的研究成果。"在过去几个月中我忍受的压力无法用言语表达，"爱因斯坦在写给朋友桑戈的信中说，"但胜利确实让我欣喜。"爱因斯坦对这一过程总结道："这几年我在黑暗中焦虑地探索，怀着热切的渴望，时而充满自信，时而精疲力竭，而最后终于看到了光明——所有这些，只有亲身经历过的人才能体会！"

§9-7　光 线 弯 曲

假设一艘宇宙飞船停在地球的表面上，飞船一侧的壁上有个小孔，一束光线从小孔水平射入飞船。飞船中的物理学家不知道飞船是静止在地球引力场中还是在无引力场的太空中加速上升，二者通过物理实验不可区分。我们可以通过观察飞船在无引力太空中的情形来获知飞船在地球引力场中的表现。

假设一开始飞船静止在无引力场的太空惯性系 K 中，光线在飞船中的轨迹是一条水平直线，如图 9-14 中 $A'A$ 所示，从飞船一侧的 A' 点水平运动到达飞船另一侧的 A 点。

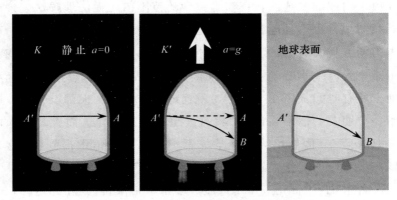

图 9-14　飞船中水平发射的光线

当飞船以加速度 g 均匀加速上升时，从 A' 点水平射入的光到达飞船另一侧时，飞船已向上运动了一段距离，因此光线将不再到达 A 点，而是到达 A 点下方的 B 点。光线相对 K 系在水平方向以光速 c 匀速直线运动，而飞船相对 K 系在竖直方向上做加速运动。在飞船参考系 K' 中，光线的轨迹不再是直线，而是一段曲线 $A'B$。

于是我们知道，飞船停在地球引力场中时，飞船中的光线轨迹也是一条曲线。这一性质取决于引力场而不是飞船，把飞船移开，就可以得到：光线在局部引力场中的轨迹是曲线。

考虑整个引力场，光线在地球引力场中传播时，如同经过一个一个的局部网格，在每一个网格中都是沿曲线传播，因此光线在整个引力场中的轨迹是弯曲的。

如图 9-15 所示，假设有一束光从恒星 S 发出，经过太阳表面附近，受太阳引力场的作用路径发生了弯曲，最后到达地球。在地球上的观察者看来，恒星的视位置在 S' 处，光线发生了一个 δ 角的偏折。

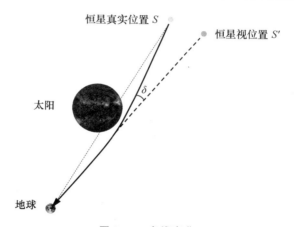

图 9-15 光线弯曲

爱因斯坦 1911 年计算出从太阳表面经过的星光偏折角为 0.85 角秒，1915 年广义相对论建立之后他又根据广义相对论对计算进行了修正，得出新的计算结果为原来结果的两倍，即 1.7 角秒。他给出的星光偏折角公式为

$$\delta = \frac{4GM}{Rc^2}, \tag{9.8}$$

其中，c 为光速，$G \approx 6.67 \times 10^{-11}$ 牛顿·米²/千克² 为万有引力常数，$M \approx 1.98855 \times 10^{30}$ 千克为太阳质量，$R \approx 6.955 \times 10^8$ 米为太阳半径。1960 年希夫曾指出，如果同时考虑狭义相对论钟慢效应和尺缩效应，那么从等效原理也可以得出广义相对论所预言的结果。（参考附录 7）

在牛顿经典力学中，光线也会发生弯曲。按照牛顿力学，太阳附近的小天体依速度不同，分别绕太阳以椭圆、抛物线、双曲线轨道运行。经过太阳边缘的光子将沿双曲线轨道运动，其偏折角为 $\delta = \dfrac{2GM}{Rc^2}$，大小为 0.85 角秒（见图 9-16），是广义相对论预言的一半，正好是爱因斯坦在建立广义相对论之前的计算结果。

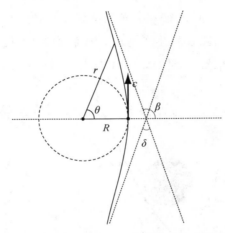

图 9-16   牛顿力学中光线沿双曲线轨道运动，发生弯曲

计算牛顿力学中太阳边缘的光线偏折角有一个简单的方法。在牛顿力学中，光子绕太阳运动的轨道是双曲线，运动的极坐标方程为 $r = \dfrac{p}{1 + e\cos\theta}$，其中 $e > 1$ 为偏心率，$p = H^2/GM$，$H = r^2\omega$ 为单位时间内太阳中心与光子连线扫过面积的两倍。根据开普勒第二定律，H 是常量，这也是角动量守恒的表现。（参考附录5）

$\theta = 0$ 时 r 取得最小值 $R = \dfrac{p}{1 + e}$，即为近日点。光子在近日点时运动速度方向垂直于 r 方向，那么近日点角速度 $\omega_0 = c/R$，于是 $H = R^2\omega_0 = Rc$，可得

$$p = \frac{H^2}{GM} = \frac{R^2 c^2}{GM},$$

$$e = \frac{p}{R} - 1 = \frac{Rc^2}{GM} - 1.$$

计算可得 $\dfrac{Rc^2}{GM}\approx 4.72\times10^5\gg1$，可以认为 $e=\dfrac{Rc^2}{GM}$。

如图 9-16 所示，光子运动到无穷远处其方向为双曲线的渐近线方向，其角度 β 满足 $1+e\cos\beta=0$，光线偏折角 $\delta=2\beta-\pi$，可得

$$\sin\frac{\delta}{2}=\sin\left(\beta-\frac{\pi}{2}\right)=-\cos\beta=\frac{1}{e}=\frac{GM}{Rc^2}\,\text{。}$$

于是，在小角近似情况下，有

$$\delta=\frac{2GM}{Rc^2}\,\text{。}$$

这就是牛顿力学中太阳边缘的光线偏折角公式。

广义相对论和牛顿力学对太阳附近的星光偏折给出了不同的计算结果，对这两种不同结果进行实验检验成了对广义相对论的一个重要考验。由于太阳光很强，无法直接观察太阳附近的星光，最好的办法是利用日全食的机会，照相拍摄太阳附近的恒星，然后与一段时间之后同一天区的照片进行对比，确定星光偏折的程度。

英国天文学家、剑桥大学天文台台长爱丁顿（见图 9-17）对检验广义相对论关于光线弯曲的预言十分感兴趣。一战结束后，在爱丁顿的游说

图 9-17 爱丁顿（1882—1944）

下，英国皇家学会和英国皇家天文学会派出了两个远征观测队对 1919 年 5 月 29 日发生的日全食进行检验光线弯曲的观测。一队前往巴西北部的索布拉尔，爱丁顿亲率另一队到非洲西部几内亚海湾的普林西比岛。经过比较，索布拉尔队的观测结果是 1.98±0.12 角秒，普林西比队的观测结果是 1.61±0.30 角秒，与爱因斯坦的理论预期基本相符。

在此之前，爱因斯坦的理论因为难以理解，且以德语发表，一直不为人所知，科学界也很少有人接受他的观点。爱丁顿是第一个用英语介绍相对论的科学家。爱丁顿的观测结果一公布，立即被全世界的媒体报道，爱因斯坦顿时成为万众瞩目的传奇人物，名扬四海，他的狭义相对论和广义相对论这时才开始受到广泛的重视。

但现在的一些科学史研究认为，当时爱丁顿的数据并不准确，可是却歪打正着地宣布了相对论理论的正确。当时观测的一台仪器聚焦系统出了一点问题，拍摄的底片结果数值较小，而另一部分底片结果远大于爱因斯坦的预言，公布的结果是对所有底片的平均值。研究人员发现，如果去掉其中一个数据，最后的结果可能会大大改变。因此这一观测实验在相当程度上是不合格的，其结果具有偶然性。另外也有人质疑，太阳的大气层会引起光线在太阳附近发生折射弯曲，由于当时的天文学对于太阳周围大气层情况不够了解，对光线偏转角是否完全符合广义相对论的预言依然不够肯定。因此，瑞典诺贝尔奖委员会并没有就广义相对论而是就光电效应给爱因斯坦颁发了 1921 年度诺贝尔物理学奖。

有人问爱因斯坦，假如他的预言被证明是错的，他会怎么办？爱因斯坦回答说："那么我会为亲爱的上帝觉得难过，毕竟我的理论是正确的。"早在 1914 年，爱因斯坦还没有算出正确的光线偏折值，就已经以十分自信地在给贝索的信中说："无论日食观测成功与否，我已毫不怀疑整个理论体系的正确性。"1930 年爱因斯坦写道："我认为广义相对论的主要意义不在于预言了一些微弱的观测效应，而是在于它的理论基础和构造的简单性。"爱因斯坦认为是广义相对论内在的简单性保证了它的正确性。1919 年的"证实"在爱因斯坦看来只是起到了说服大众的作用。

此后，人们又进行了多次光线偏折的观测实验，对广义相对论进行更严格、更精密的检验。从 1919 年到 1973 年，人们先后进行了 12 次光学观测检验，另外从 1970 年到 1991 年又进行了 12 次射电观测检验。1976 年天文学家利用 VLBI(甚长基线干涉技术)，观测了太阳边缘处射电源的微波偏折，以误差小于 1‰ 的精度证实了广义相对论的预言。到 1991 年，人们利用多家天文台协同观测的技术，以万分之一的精度证实了广义相对论对光线弯曲的预言。要达到较高的验证精度，必须系统地考虑和计算来自各方面的误差，包括来自地球的章动、自转、大气折射、板块移动、潮汐，以及太阳大气的折射等。1973 年的一次光学观测，被拍摄到的恒星大多集中在离开太阳中心 5 到 9 个太阳半径的距离处，太阳边缘处的星光偏折是根据归算出来的曲线进行外推而获得的。由于光线引力偏折与光线频率无关，而大气折射率直接与光线频率有关，因此在射电观测中，射电天文学家仔细分析并使用不同的频率进行测量，用以消除太阳大气折射的影响。此后，人们仍然在继续发展更先进的技术手段进行更精确的检验。

爱因斯坦的相对论被科学界接受经历了一个曲折而漫长的过程，至今还在被各种超高精度的实验所检验。可见科学界对新理论的接受是异常严谨的，并不像一些人以为的那样迷信和盲从权威。

§9-8 引力红移与引力时间膨胀

如图 9-18 所示，一艘飞船停在地球的表面上，从飞船地板上的 A 点向上发射一束频率为 f 的光，在飞船上部距离地板高度为 d 的 B 点有一个光接收器用于接收 A 点发出的光。根据等效原理，飞船中的观察者无法区分飞船是静止在地球表面还是在无引力场的太空中加速飞行。我们在太空惯性系 K 中来观察飞船的情形。

一开始飞船静止在太空惯性系 K 中，光线从飞船底部 A 点向上发射时，飞船以加速度 g 加速向上飞行。当光线到达飞船上部 B 点的光接收器时，飞船已经加速运动了一段距离，达到速度 v。在惯性系 K 中看来，光接收器接收到光线时，已经运动到 B' 位置，具有运动速度 v。根据多普勒效应原理，光接收器接收到的光将发生多普勒红移，接收到的光的频率变低了，变为 $f' = \sqrt{(c-v)/(c+v)}\, f$。光接收器接收到的光的频率与在哪个参考系中观察没有关系，因此，在飞船参考系中观察光接收器接收到的光的频率也会降低为 f'。

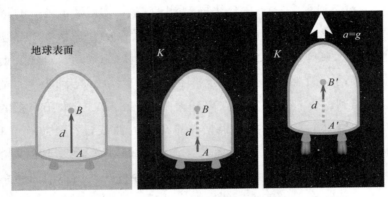

图 9-18　飞船中垂直发射的光线

　　于是我们知道，飞船停止在地球表面上时，从飞船底部 A 点发射到飞船上部 B 点的光频率变低了。这一性质取决于引力场而不是飞船，和飞船其实没有关系。我们把飞船移开，就可以得到，从地球表面向上发射的光线频率会变低，光线的频率发生红移（见图 9-19 及彩插）。进一步，所有天体向外发射的光线都会发生红移。这种红移称为引力红移。

图 9-19　星球表面发出的光离开星球时会发生引力红移

　　假设在惯性系 K 中飞船以加速度 g 匀加速上升，经过时间 t 达到速

度为 v。那么有 $ct=d+\dfrac{1}{2}gt^2$，$v=gt$，可以得到 $v=c-\sqrt{c^2-2gd}$，由此可以算出接收频率的大小。但是这一结果只是一个局部近似的结果，不能用于较大的距离。

在天体的引力场中，引力加速度 g 随高度而不断变化，光子的动质量也随频率不断变化。质量为 m，与天体中心距离为 r 的物体具有引力势能

$$E_{\mathrm{p}}=-\frac{GMm}{r},\tag{9.9}$$

其中 M 为天体质量，G 为万有引力常数。光子的静止能为零，动能为 $E_{\mathrm{k}}=hf=mc^2$，其中 h 为普朗克常数。那么光子的动质量为 $m=hf/c^2$，于是光子的总能量为

$$E=E_{\mathrm{k}}+E_{\mathrm{p}}=hf-\frac{GMm}{r}=hf-\frac{GMhf}{rc_2}=hf\left(1-\frac{GM}{rc^2}\right)。\tag{9.10}$$

如果光子从距离天体中心为 r 的表面运动到距离天体中心为 $r'=r+h$ 的远处，频率变为 f'，根据能量守恒，有

$$hf\left(1-\frac{GM}{rc^2}\right)=hf'\left(1-\frac{GM}{r'c^2}\right)。$$

由此，得

$$\frac{f'}{f}=\frac{1-\dfrac{GM}{rc^2}}{1-\dfrac{GM}{r'c^2}}。\tag{9.11}$$

当接收点离天体非常远的时候，r' 可以认为是无穷大，有

$$\frac{f'}{f}=1-\frac{GM}{rc^2}。\tag{9.12}$$

这表明天体发出的光离开天体后频率变小了，可以理解为光子远离天体时动能变小，因而频率变小。

公式(9.11)和(9.12)是使用经典力学与相对论共同推导的一个混合结果，也只是一个近似的结果。对于不带电、非转动、球对称质量的天体引力场，根据广义相对论的理论，有精确解

$$\frac{f'}{f} = \frac{\sqrt{1 - \dfrac{2GM}{rc^2}}}{\sqrt{1 - \dfrac{2GM}{r'c^2}}}。 \tag{9.13}$$

当接收点离天体非常远的时候，r' 可以认为是无穷大，有

$$\frac{f'}{f} = \sqrt{1 - \frac{2GM}{rc^2}}。 \tag{9.14}$$

当 $\dfrac{GM}{rc^2}$ 很小时，有 $\sqrt{1 - \dfrac{2GM}{rc^2}} \approx 1 - \dfrac{GM}{rc^2}$。

　　天体远离地球时，地球观察者会观察到天体的光线发生红移。这个红移既包括天体相对地球运动产生的多普勒红移，也包括天体引力产生的引力红移，由这两部分共同组成。

　　我们在 §6-8 中已经知道，红移产生是由钟慢效应以及光源与观察者之间距离变化导致的波峰提前或延迟。光子从距离天体中心为 r 的 A 点运动到距离天体中心为 $r' = r + h$ 的 B 点，A，B 两点的距离没有变化，但是 B 点接收光子的频率变低了，变为 $f' < f$，发生了红移。这意味着相对于 B 点，A 点的时钟变慢了，发生了钟慢效应（见图 9-20）。A 点的时钟指示发出相邻两个波峰的时间差为 $\Delta t = 1/f$，B 点的时钟指示接收到相邻两个波峰的时间差为 $\Delta t' = 1/f'$. 那么根据(9.13)式，得

$$\frac{\Delta t}{\Delta t'} = \frac{\sqrt{1 - \dfrac{2GM}{rc^2}}}{\sqrt{1 - \dfrac{2GM}{r'c^2}}}。 \tag{9.15}$$

$r' > r$ 时，$\Delta t' > \Delta t$，表明 A 点的时钟慢。r' 可视为无穷大时，

$$\Delta t = \Delta t' \sqrt{1 - \frac{2GM}{rc^2}}。 \tag{9.16}$$

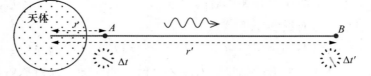

图 9-20　引力时间膨胀

这种靠近天体的地方时钟变慢的现象称为引力钟慢效应，也叫作引力时间膨胀。引力时间膨胀和引力红移是一致的，所以在有的资料中认为引力时间膨胀就是引力红移。

如图 9-21 所示，用刻漏表示天体不同距离处的时钟，可以看到由于引力时间膨胀，时间的图形画出了一条曲线。

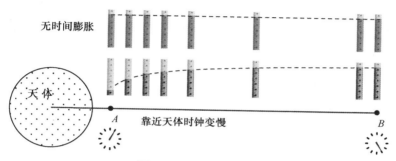

图 9-21　引力时间膨胀

在地球引力场中，引力红移非常小，难以进行检验。直到 1960 年，哈佛大学的庞德等人利用穆斯堡尔效应，在 22.6 米高的塔顶部放置 ^{57}Co 作为 γ 射线源，射向塔底的接收器，测到了频率谱线的微小位移，实验结果与理论值在 5% 的精度范围内相符合。5 年后，他们又将实验结果提高到 1% 精度。1976 年，魏索特等人进行了一项高精度的引力红移实验，他们把氢原子钟用火箭发射到一万千米高空，然后与地面上的氢原子钟进行对比，在消除了多普勒频移后，实验验证了引力红移的存在，结果达到 0.007% 的精确度。如今的 GPS 全球定位系统已经综合考虑了引力红移和狭义相对论钟慢效应带来的误差的影响，从而可以提供高精度的定位和授时服务。

§9-9　时空弯曲与引力几何化

在引力场中存在引力钟慢效应，即引力时间膨胀，这有点类似狭义相对论的钟慢效应，那么有没有相应的引力尺缩效应呢？

根据广义相对论理论，在不带电、非转动、球对称质量的天体引力场中，距离天体为 r 处沿半径方向放置的一根长度为 Δr 的标尺，在无穷远处观察其长度为 $\Delta r'$，那么

$$\Delta r' = \Delta r \sqrt{1 - \frac{2GM}{rc^2}}, \tag{9.17}$$

有 $\Delta r' < \Delta r$（见图 9-22）。这就是径向引力尺缩，表明在远处观察，引力场中沿半径方向的长度收缩了，在引力场中观察则是靠近天体中心的径向长度变长了。在垂直于半径的方向即横向不存在引力尺缩。径向引力尺缩与横向无引力尺缩这一结论在附录 6 中给出了一个简单的证明。

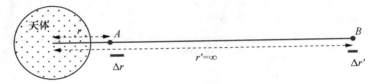

图 9-22　径向引力尺缩

　　由于径向引力尺缩，在引力场空间中沿半径方向容纳了更多的长度，如果我们在围绕天体的圆周上测量圆的周长与直径，测得圆周率的大小是小于 π 的。这样的空间在数学上是黎曼空间，与欧几里得平直空间不同，是一种弯曲的空间，因此引力场中空间是弯曲的。

　　由于引力质量和惯性质量相等，任何物体在引力场的同一位置处都将受到同样的加速度。引力场中物体的运动状态与物体的质量和材料没有关系。一切物体不管其质量大小、由何种材料组成，只要初始运动状态相同，在引力场中的运动轨迹必然相同。这是伽利略比萨斜塔实验的直接推广。那么在引力场中看来，物体如何运动似乎与物体本身没有关系，而只是空间的特性。

　　一切物体包括光在无引力的空间中保持匀速直线运动状态。如果空间中有一个不发光的大质量天体，那么光和物体经过天体附近时运动路径会发生弯曲。无动力自由运动的飞船在引力场中处于失重状态，如果飞船密闭，看不见外界，且飞船不太大，根据等效原理，飞船内的实验人员并不知道处于局部引力场中，以为还处于匀速直线运动状态。远处的观察者没有看到天体的存在，只看到飞船的路径弯曲了，看起来好像是空间弯曲了而飞船中的人却没有觉察（见图 9-23）。

图 9-23　路径弯曲而人不觉

　　光和飞船本来是做直线运动，现在路径弯曲了，很自然的解释是受到力的作用改变了路径。但是飞船中的人并没有检测到力的作用。广义相对论认为引力的作用实际可以等效为时空的弯曲，物体在弯曲的时空中仍然做惯性运动。如图 9-24 所示，这好比 OLED 柔性显示屏上的物体在做匀速直线运动，显示屏弯曲了，物体的路径也变成曲线。但是显示屏中的物体并不知道显示屏弯曲了，在显示屏坐标系（已经弯曲了）中仍然是匀速直线运动。轮船在平坦的海面上直线前进，以前的人们并不知道地球是圆的，一直以为在直线前进，直到绕了地球一圈回到原地才发现走的道路原来是弯曲的。

图 9-24　曲面上的直线运动

　　有一个爱因斯坦给他的儿子讲甲虫爬球面的故事，爱因斯坦关于光线弯曲的预言在 1919 年被爱丁顿证实以后，引起全球轰动，爱因斯坦的小儿子爱德华问他："爸爸，你究竟为什么成了著名人物呢？"爱因斯坦对儿子说："你瞧，一个瞎眼的甲虫沿着球面爬行，将会怎样呢？它不会发现自己爬过的路径是弯曲的。然而我，你的父亲，却有幸发现了这一点。"

对于三维空间的弯曲，可以假设有一个透明的立方体果冻（见图 9-25），在其中建立均匀的立方体网格，每一个网格点放置一个微小的发光点，形成一个 3D 显示器。这个显示器上可以显示虚拟现实的物体和运动，与真实的物体运动规律一样。把果冻弯曲变形，就得到一个弯曲的三维空间。显示器中做直线运动的物体，看起来变成了曲线运动。

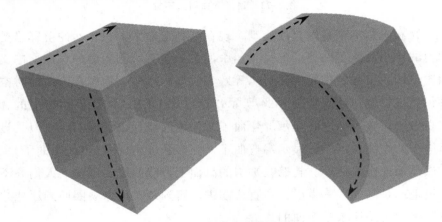

图 9-25　三维弯曲的果冻

在广义相对论中，不只存在空间的弯曲，由于引力时间膨胀的存在，时间也弯曲了。时间和空间的弯曲一起成为时空弯曲（见图 9-26）。

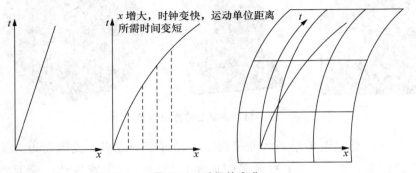

图 9-26　时间的弯曲

如何理解时间的弯曲？假设一个物体沿 x 轴做匀速直线运动，其运动图形在 x-t 坐标系中表示为一条直线 $x = vt$。如果 x 轴上不同位置处的时钟快慢不一样，那么物体运动单位距离所需要的时间就不一样，物体运动的图形就变成一条曲线。换一个角度，我们可以看成是时间轴弯曲了，在弯曲的坐标系里面，物体仍然保持直线的运动规律，但是由于坐标系弯曲了，物体的运动图形变成了曲线。

因此引力造成物体运动路径的弯曲以及引力时间膨胀可以看成是时空的弯曲。在弯曲的时空中物体好像引力不存在一样做惯性运动，只是在弯曲时空中惯性运动的路线变成了曲线。引力变成了弯曲时空的几何描述，这就是引力几何化。

在平直空间中，任意两点之间存在唯一的一条直线，直线是两点之间的最短路线，即短程线。在弯曲空间中，两点之间的短程线（也叫测地线）一般是曲线。在弯曲空间的局部，可以看作接近于平直空间，两点之间仍然存在唯一的一条短程线。在球面上，连接两点的短程线是过两点的大圆的一段弧。短程线局部唯一，全局并不唯一，比如地球仪球面上南北两极点之间的每一条经线（子午线）都是短程线。另外，短程线局部最短，全局并不一定最短，比如沿赤道大圆一直向前运动，到达出发点背后，不如一开始就向后运动更近。

在弯曲时空中的一点，给定了物体的初速度大小和方向，物体将沿着唯一的一条时空短程线运动下去，如同平直时空中的惯性运动。爱因斯坦引力场方程决定了质量体周围的时空几何结构，时空几何结构决定了物体在时空中的运动路线。正如惠勒所说："物质告诉时空怎么弯曲，时空告诉物质怎么运动。"

§9-10　雷达回波延迟

1915 年爱因斯坦建立广义相对论后，提出有三个实验可以验证广义相对论，分别是水星近日点进动、光线引力偏折和引力红移。这三个实验都先后得到了证实。在很长一段时间里，也只有这三个实验可以检验广义相对论，称为广义相对论三大验证。

1964 年，美国物理学家夏皮罗提出一种新的广义相对论检验方法：从地球向一个行星发射雷达信号，然后接收从行星反射回来的信号，测量雷达信号往返传播所需的时间，当雷达信号经过太阳附近时到达地球的时间会产生延迟（见图 9-27）。夏皮罗领导的小组先后对水星、金星和火星进行雷达试验，证明确实有延迟现象。地球与水星之间的雷达回波最大延迟时间可达 240 微秒。

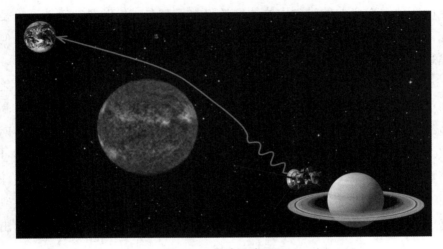

图 9-27　雷达回波延迟

根据广义相对论，当雷达信号从太阳附近经过时，由于空间弯曲，即径向引力尺缩效应，信号经过的距离变长了。从时间上看，由于时间弯曲，即引力时间膨胀效应，信号经过的路径上时钟变慢了。这导致雷达信号的往返时间产生延迟（见图 9-28）。与引力红移相比，这一效应是引力场造成的纯粹时间延迟效应，并不改变信号的波长。

对水星和金星被太阳掩食前后的观测符合广义相对论的预测，误差为 5%。到 1976 年，利用海盗号火星探测器反射雷达波，人们将实验精度提高到了 0.1%。到了 2003 年，天文学家利用卡西尼号土星探测器，重复雷达回波延迟实验，测量精度在 0.002% 范围内，观测结果与理论一致。这是迄今为止精度最高的广义相对论实验验证。

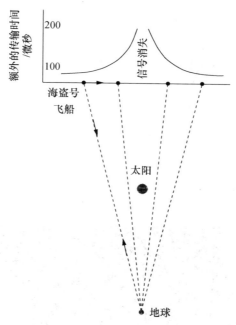

图 9-28　飞船雷达回波实验原理

无线电信号在地球与"海盗号"飞船之间往返，当信号传播路径靠近太阳时，往返时间比无引力效应的预期时间长了几百微秒，多出一个额外的传输时间。当"海盗号"飞船从太阳背后掠过时，这个额外传输时间逐渐增加，然后信号被太阳遮挡而消失。当飞船越过太阳，信号再次出现后，额外传输时间逐渐减少。根据这一结果可以得到，当地球与飞船连线靠近太阳边缘时，二者之间的距离变长了大约 50 千米。观测数据与广义相对论的计算结果相符。

§9-11　引 力 透 镜

由于光线在经过大质量天体附近时会发生弯曲，经过天体四周的光线会向天体中心会聚，如同凸透镜的聚光作用一样，观察者会看到发光天体的一个或多个虚像（见图 9-29）。这一现象称为引力透镜效应。

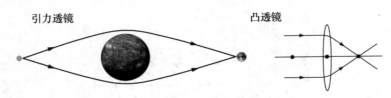

图 9-29　引力透镜与凸透镜

　　1979 年 3 月，美国的三位天文学家在大熊星座的同一天区发现，在相隔只有 6 角秒的距离上，竟然聚有两个奇特的类星体，其大小、亮度、远近甚至光谱都完全相同，就像一对双胞胎，令人极为惊讶（见图 9-30）。天文学家猜测它们可能是同一个类星体 Q0597＋561 的幻像。

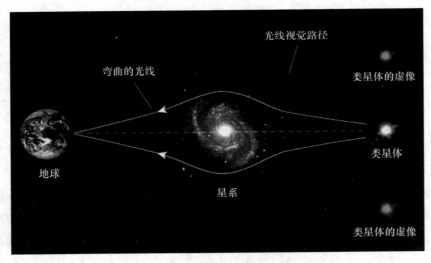

图 9-30　类星体经星系引力透镜成像

　　进一步的研究表明，在类星体 Q0597＋561 与地球之间，正巧有一个巨大的星系，形成引力透镜效应，使该类星体发出的光变成了两束。这是天文学家第一次观察到引力透镜效应。

　　在众多被引力扭曲的星光中，最令人震撼的是爱因斯坦环。这是在特殊情况下，当背景天体、作为透镜的前景天体以及观察者恰好在同一条直线上时，出现的背景光源的形状变成环形的现象。爱因斯坦环是宇宙中广义相对论最生动的示范之一，图 9-31，图 9-32（另见彩插）是两个爱因斯坦环的照片。

图 9-31 哈勃望远镜拍到的马蹄状的爱因斯坦环 LRG3-757

图 9-32 被称为"宇宙之眼"的爱因斯坦环 LBG J213512

2015 年 2 月 9 日，美国宇航局 NASA 公布了一张由哈勃望远镜拍摄到的照片（见图 9-33，另见彩插），里面一张完美的"笑脸"，方向正对着地球，似乎在向人类问好。这张"笑脸"拥有圆圆的脸庞，两只亮闪闪的大眼睛，一个小巧的鼻子，还有上扬的嘴角，非常活泼可爱。照片显示的对象其实是 SDSS J1038＋4849 星系团，两只眼睛是非常明亮的星系，形成笑脸的环状结构正是由引力透镜效应产生的爱因斯坦环。

图 9-33　爱因斯坦环构成的完美宇宙"笑脸"

双爱因斯坦环是一种更加罕见的天文现象。2008 年 1 月，哈勃望远镜拍摄到一张珍贵的"双爱因斯坦环"SDSS J0946＋1006 照片（见图 9-34）。位于狮子座的三个星系分别距离地球 20 亿光年、60 亿光年和 110 亿光年，与地球刚好位于同一条直线上。由于引力透镜效应形成的两个爱因斯坦环相互嵌套，最终形成了极其罕见的两个同心光环。

位于飞马座内的爱因斯坦十字 G2237＋030（见图 9-35）是引力透镜效应最著名的例证之一。在爱因斯坦十字中，背景光源是距离地球 80 亿光年的类星体 QSO 2237＋0305，而产生引力场的是其正前方距离地球约 4 亿光年的被称为修兹劳透镜的前景星系 ZW 2237＋030。类星体的光线因引力透镜效应形成四重影像，对称分布于前景星系的核心四周，与其组成一个近似的十字形。该天体系统是在哈佛-史密松天体物理中心的一次红移巡天中由美国天文学家修兹劳所发现的。

引力透镜效应还可以用于星际通信。伊卡洛斯计划是人类第一个星际航行计划，目标是建造一艘恒星际航行无人飞船，前往距离太阳系最近的恒星系统进行勘察，理论上星际航行将耗时 100 年。该计划目前正在进行之中。星际航行有一个重要问题是星际通信问题。假设飞船已经

图 9-34 罕见的双爱因斯坦环 SDSS J0946＋1006

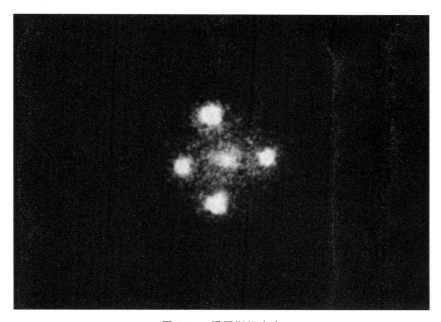

图 9-35 爱因斯坦十字

经过数光年的旅途，到达了距离太阳系最近的半人马座 α 星（比邻星），距离地球大约 4.2 光年。正常情况下这艘飞船发出的信号，地球上的人们要等上 4.2 年才能收到，但实际情况将更糟，信号经过长距离的衰减变得太弱，根本不能被地球上的人们接收到。

　　研究人员提出的一个方案就是发射一艘中继空间站到太阳的背面，远方飞船与中继空间站之间的信号经过太阳的引力透镜效应得到放大，从而实现超远距离的星际通信。由于凸透镜的聚焦能力在于截面积，太阳引力透镜将极大面积范围内的信号聚焦，因而信号得到极大倍数的放大（见图 9-36）。

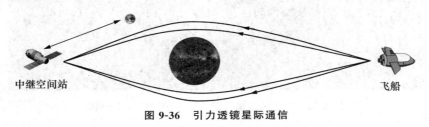

图 9-36　引力透镜星际通信

§9-12　黑　洞

　　光线从天体附近经过时路径会发生弯曲。当天体的半径不变而质量增大时，光线就会弯曲得更加厉害（见图 9-37）。那么当天体的质量大到一定程度时，光线将不能逃离天体，只能围绕天体旋转或者被吸附到天体上。由于光速是速度的极限，此时经过天体附近的任何物体都将不能逃离该天体。外界朝该天体看去，将什么也看不见，天体所在位置呈现一个黑色的洞。因此，这种光线无法逃离的天体就叫做黑洞。图 9-38 是黑洞的一个模拟图。

图 9-37　天体质量增大时光线弯曲加剧

图 9-38　大麦哲伦云面前的黑洞模拟视图

在牛顿力学里，也可以推断出黑洞的存在。第一个预言黑洞存在的是英国科学家米歇尔。他在 1783 年提出一个和太阳同等质量的天体，如果半径只有 3 千米，那么这个天体是不可见的，因为光无法逃离天体表面。法国科学家拉普拉斯在 1796 年曾预言："一个质量如 250 个太阳，而直径为地球的发光恒星，由于其引力的作用，将不允许任何光线离开它。"根据牛顿力学，质量为 m，与天体中心距离为 r 的物体具有引力势能 $E_p = -\dfrac{GMm}{r}$，其中 M 为天体质量，G 为万有引力常数。质量为 m 的物体具有动能 $E_k = \dfrac{1}{2}mv^2$。物体要想逃离天体引力所需的速度 v 必须满足

$$\frac{1}{2}mv^2 - \frac{GMm}{r} \geqslant 0, \tag{9.18}$$

由此可得该天体上物体的逃逸速度 v_E 为

$$v_E = \sqrt{\frac{2GM}{r}}。 \tag{9.19}$$

当逃逸速度 v_E 大于 c 时，实际上任何物体都无法逃离该天体，天体成为一个牛顿黑洞，其半径最大为

$$r_N = \frac{2GM}{c^2}。 \tag{9.20}$$

这个半径就是牛顿黑洞半径。

　　1915 年 12 月，在爱因斯坦发表广义相对论 1 个月后，德国天文学家史瓦西就得到了爱因斯坦引力场方程的精确解，能够对点质量和球形质量所产生的引力场给出精确描述，这个解称为史瓦西解。从史瓦西解可以算出，当天体全部质量压缩到一个很小的引力半径之内时，所有物质，包括光线都被囚禁在内，不可能克服引力到达该半径以外。此时天体成为一个黑洞，称为史瓦西黑洞。此半径 r_S 称为史瓦西半径，

$$r_S = \frac{2GM}{c^2}。 \tag{9.21}$$

　　史瓦西半径与牛顿黑洞半径相等，但是史瓦西黑洞与牛顿黑洞不一样。牛顿黑洞内的物体可以越过牛顿黑洞半径但是最后还会回到该半径以内，史瓦西黑洞内的物体永远不能越过史瓦西半径。史瓦西半径处的球面形成一个视界，视界内的物体不能越过视界，永远不能被视界外所看见。

　　根据 §9-8 引力红移的公式 (9.13)，光子从与天体距离为 r 处运动到 $r' > r$ 处，频率从 f 变为 $f' < f$，有

$$\frac{f'}{f} = \frac{\sqrt{1 - \dfrac{2GM}{rc^2}}}{\sqrt{1 - \dfrac{2GM}{r'c^2}}}。$$

如果 $r = r_S$，那么对于任何频率 f 的光子，都有 $f' = 0$，也就是说光子其实永远无法到达大于史瓦西半径的距离处。反过来，从 $f' = 0$ 也可以得出史瓦西半径的公式，即前面的 (9.21) 式。

　　根据 §9-8 引力时间膨胀的公式 (9.15)，有

$$\frac{\Delta t}{\Delta t'} = \frac{\sqrt{1 - \dfrac{2GM}{rc^2}}}{\sqrt{1 - \dfrac{2GM}{r'c^2}}}。$$

当 $r=r_s$ 时，始终有 $\Delta t=0$，表明在视界外的观察者看来，在史瓦西半径处，时间停止了。

1973 年，霍金、卡特等人严格证明了惠勒提出的黑洞无毛定理，即黑洞只有质量、角动量以及电荷三个守恒量，其他的信息全都丧失了，黑洞的最终性质仅由这三个物理量唯一确定。因此，黑洞是一种极其简单的物体，如果知道了它的质量、角动量和电荷，也就知道了有关它的一切。

黑洞由于不发射和反射光，任何物质都不能逃离黑洞，因此无法直接观测到黑洞，只能通过黑洞的一些效应来间接观测或推测到它的存在。物质在被吸入黑洞时会在黑洞周围形成一个漩涡状的吸积盘，吸积盘中的气体剧烈摩擦，因高热而发出强烈的 X 射线。借由对这类 X 射线的观测，可以间接发现黑洞并对之进行研究。

黑洞视界内的物体不能离开视界，视界外的物体却能够离开黑洞。通过吸积盘落向黑洞的一部分物质，会沿着吸积盘的旋转轴方向抛射出去，形成速度极高的喷流。这种喷流狭长、定向而高速，被称为"宇宙火柱"。

天鹅座 X-1(见图 9-39)是银河系内位于天鹅座的一个著名的 X 射线源，于 1964 年被发现，是第一颗被发现的黑洞候选者。天鹅座 X-1

图 9-39　著名的恒星级黑洞——天鹅座 X-1 的艺术图

距离地球大约 6070 光年，质量约为太阳的 14.8 倍。天鹅座 X-1 有一颗蓝超巨星伴星 HDE226868。蓝超巨星的物质以星风的形式源源不断被吸入 X 射线源的吸积盘。吸积盘内的温度高达几百万开尔文，辐射出强烈的 X 射线。两条垂直于吸积盘的相对论性喷流将吸入的部分物质高速喷射出星际空间。

　　1975 年，英国剑桥大学的物理学家霍金和美国加州理工学院的物理学家索恩(见图 9-40)拿天鹅座 X-1 做了一场著名的"黑洞赌局"。其中霍金赌天鹅座 X-1 不是一颗黑洞，索恩赌天鹅座 X-1 是一颗黑洞。霍金的赌注是给索恩订 1 年的《阁楼》杂志，索恩的赌注是给霍金订 4 年的《私家侦探》杂志。后来，随着对天鹅座 X-1 的研究越来越多，已经有充分证据证明它是一个黑洞。1990 年霍金到南加州大学演讲，当时索恩人在莫斯科，霍金在家人、护士和朋友的帮助下大张旗鼓地闯入索恩位于加州理工学院的办公室，把当年的赌约翻出来印上拇指印表示认输，并给索恩订了一年的《阁楼》杂志。

　　随着观测手段的进步，借助钱德拉 X 射线天文卫星、罗西 X 射线时变探测器卫星以及一些其他天文望远镜的数据，科学家们非常精确地确定了天鹅座 X-1 的质量、自转、距离、年龄等参数，可以对这个黑洞进行清晰而完整的描述。令人惊奇的是，打赌赢了霍金的索恩，承认

图 9-40　霍金与索恩

自己直到这时才对天鹅座 X-1 是个黑洞表示信服。他说："40 年来，天鹅座 X-1 一直都是黑洞的标志性实例，然而，尽管霍金认了输，但直到现在，我才完全相信它里面真的有个黑洞。"而霍金，其实是认为黑洞存在的。他后来解释道："这对我而言是一个保险的形式。我对黑洞做了许多研究，如果发现黑洞不存在，则这一切都成为徒劳。但在这种情形下，我将得到赢得打赌的安慰。"原来他们两人都使用了对冲的策略，反向下注，这样无论输赢自己都会有所收获。

在广义相对论中，黑洞是一个物质只进不出、质量只增不减的天体。但是，1974 年霍金提出黑洞可以通过量子力学效应向外发射出一种热辐射，这就是霍金辐射。这种现象形象地被称为黑洞蒸发。黑洞可以通过吸积物质使质量增加，也可以通过黑洞蒸发使质量减小。霍金辐射目前还没有被实验或观测所证实。科学家们认为，一旦霍金辐射被确切证实，将对人类理解一切黑洞甚至宇宙的最终命运产生重大影响。

§9-13　虫　洞

如图 9-41 所示，假设有一种生活中二维平面空间中的虫子，沿着平面直线爬行。三维空间中的我们把平面弯曲，变成一个曲面。然而虫子并不知道自己所在的空间已经被弯曲了，以为还是在直线前进。我们把平面继续弯曲，直到把平面上远离的两个不同位置 A 和 B 粘连到一起。甲乙两个虫子一起从 A 点出发，虫子甲通过粘连处穿越到 B 点，

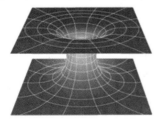

图 9-41　虫洞

虫子乙按照原来的路线，即它认为的直线长途跋涉到 B 点，发现虫子甲已经在 B 点久候了。虫子甲好像瞬间移动到了空间遥远的地方。

　　我们所生活的真实时空是三维空间加上一维时间构成的四维时空，引力也会导致我们时空的弯曲。强大的引力产生引力透镜、黑洞等现象。参考图 9-25，在黑洞的视界处，时间轴弯曲到与原来垂直的地方。时空在史瓦西半径也就是视界处与原来的时空相垂直。1935 年爱因斯坦与罗森在研究引力场方程时提出了一种连接两个黑洞之间的时空通道的概念，称为爱因斯坦-罗森桥，即虫洞。通过虫洞，物质在空间的一个地方消失，然后在遥远的另一个地方神奇出现，在空间可以实现瞬时的远程转移（见图 9-42）。在有的理论中，存在多个宇宙，可以通过虫洞从一个宇宙通向另一个宇宙。

图 9-42　虫洞空间转移

　　通过虫洞，可以实现超光速的星际航行和通信。但是这种超光速并没有违反狭义相对论，物质运动只是走了捷径，好比弯道赛跑运动员作弊没有跑弯道而是直线跑到终点，物质运动的路径变短了，本身的运动速度并没有超过光速。

　　由于光的传播延迟，我们看到的远方天体都是若干年以前的天体，但是我们不能看到若干年以前的地球，乘坐飞船也不能追上地球上多年以前发出的光。如果通过虫洞，理论上可以瞬间移动到若干光年远的地方，这样就可以如同观察其他天体一样观察到多年以前的地球了。这并不是回到过去的时间，时光并没有倒流。

　　虫洞只是一种理论上的存在。迄今为止，科学家们还没有观察到虫洞存在的证据。爱因斯坦认为虫洞只是数学上的解，在真实宇宙中并不会存在。

§9-14　水星近日点进动

1846 年，法国天文学家勒维耶根据天王星的轨道异常推断出海王星的存在，并根据万有引力定律和天王星的观测资料计算出海王星的轨道和质量。人们在勒维耶预言的位置不到 1 度的地方观测到了海王星，因此海王星被称为"笔尖上的行星"。勒维耶后来当了巴黎天文台的台长，他对水星的运动进行了长期观测和研究，于 1859 年发现水星椭圆轨道的近日点在围绕太阳进行缓慢的转动，这一现象被称为水星近日点进动（见图 9-43）。

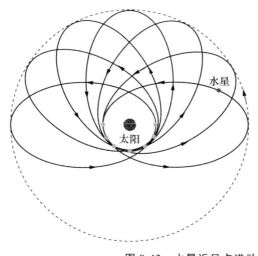

图中太阳周围的圆点是水星的近日点，它围绕太阳进行缓慢转动。水星的椭圆轨道也在不断变动。图中对转动的角度进行了夸大

图 9-43　水星近日点进动

这一进动其实是极小的，每一百年才转动 5600.73 角秒，约 1 度半多一点。水星近日点进动的主要原因是金星、地球等各大行星对水星的引力摄动。但是按照万有引力定律计算，每百年水星近日点应该进动 5557.62 角秒，与观测值存在 43.11 角秒的误差。勒维耶认为可能是水星内侧存在一颗大行星的引力引起，甚至给这颗行星取了一个名字叫

"火神星"（Vulcan）。不过这次勒维耶的预言没有成功，天文学家们经过很多年的辛苦搜寻一直没能发现火神星的存在。

爱因斯坦 1915 年发表了广义相对论以后，把太阳引力场看作一个弯曲时空，在弯曲时空中计算了水星的运动。他发现计算结果与牛顿力学的结果有所偏离，即使没有其他外部因素，水星的近日点也会有进动，其数值恰好是每百年 43 角秒。长期得不到解释的 43 角秒进动问题至此被解决，这也反过来验证了广义相对论。

广义相对论与牛顿力学的差别精细到 43 角秒这样的地步，爱因斯坦当年在得到这个计算结果后激动得无法工作。他给朋友写信说："方程给出了进动的正确数字，你可以想象我有多高兴，有好些天，我高兴得不知道怎样才好！"

§9-15 引 力 波

2016 年初，两只"狗"震惊了整个世界！这两只"狗"，一只叫"籁狗"（LIGO），一只叫"阿尔法狗"（AlphaGo）。

2016 年 2 月 11 日，美国（激光干涉引力波天文台 LIGO）团队向世界宣布：人类首次直接探测到引力波。3 月 9 日—3 月 15 日，谷歌公司 AlphaGo 人工智能围棋程序以 4∶1 的比分击败围棋世界冠军、韩国棋手李世石九段，电脑围棋程序首次战胜人类世界冠军。

由于人的寿命、疾病，飞船速度以及星际通信等方面的限制，人类走出太阳系极其困难，人工智能将是人类外星探索与移民的首选手段与工具。"阿尔法狗"是人工智能的突破性进展。而"籁狗"是一个引力波探测器，它探听天籁，最终接收到来自宇宙深处最美妙的"声音"——引力波，为人类探测宇宙打开一个全新的通道。那么，什么是引力波，它有何意义呢？

9-15-1 引力波的理论发现

在牛顿力学中，万有引力一般被认为是超距作用，瞬时传播的。爱因斯坦发表狭义相对论以后，多位科学家以引力传播速度大于光速为由对狭义相对论提出质疑。在爱因斯坦全集第三卷中，"发表相对论演讲以后的讨论"一节记录了这些争论。爱因斯坦对此回答："很可能，甚至应该预期，引力是以光速传播的。""假若引力是以一个普适的超光速的速度而传播的，这就足以一劳永逸地推翻相对性原理了。假如它是无限快传播的，它就将向我们提供一种定义绝对时间的手段。"因此，引力传播速度的问题，直接关系到狭义相对论的基础，给爱因斯坦造成很大压力，促使他"疯狂地研究引力理论"。

早在 1905 年，庞加莱就提出引力作用的传播速度应该为光速，并猜测可能存在引力波。1915 年 11 月，爱因斯坦发表了广义相对论引力场方程之后，立即进行引力波研究。1916 年 6 月，他在研究引力场方程的近似积分时，推断一个力学体系变化时必然向外发出以光速传播的引力波。1918 年他发表了《论引力波》的论文，做了进一步的阐述，并修正了之前的一个计算错误，从引力场的弱场近似解导出引力波的方程，并推出引力波传播速度为光速。1937 年爱因斯坦与罗森合作，再次发表《论引力波》的同名论文，给出了柱面引力波的严格解。

但是，这中间发生了一段滑稽有趣的插曲。1936 年，爱因斯坦在和助手罗森寻找引力波的精确解而不是近似解时，发现无论如何建立坐标系，时空中总会存在奇点，在该点无法用任何数字描述波的大小，于是他们认为引力波并不存在。现在的看法是，这个奇点只是坐标奇点，如同地球上南北极的经度无法确定不代表南北极不存在一样，不能代表引力波不存在。他们于 1936 年 6 月向美国物理学会期刊《物理评论》投了一篇论文，论文的题目是"引力波存在吗？"爱因斯坦写了一封信给德国物理学家波恩说："我和一个年轻的合作者一起得到了有趣的结论，引力波并不存在，尽管在一级近似下它们曾被认为确实存在。这表明非线性的广义相对论场方程比我们过去认为的更复杂，可以告诉我们更多东西，更确切地说，对我们的限制远多于我们迄今为止所相信的。"

令爱因斯坦没有想到的是，论文被打了回来。当时爱因斯坦刚从德国移居美国不久，与德国期刊不需要评审不同，美国期刊实行同行评审制度，《物理评论》的主编泰特（见图 9-44）将论文寄给了匿名审稿人进行评审。匿名审稿人给出了整整 10 页的评审意见，指出爱因斯坦和罗森的错误，并给出修改建议。爱因斯坦对此非常愤怒，他给泰特回了一封措辞严厉的信说：“我们把文章寄给您用于发表，并没有授权您拿给所谓的专家进行指手画脚。我认为没有任何必要回复您的匿名专家的那些绝对错误的意见。鉴于此，我将选择在别的地方发表这篇文章。”随后，他和罗森把这篇论文毫无改动的提交给《富兰克林研究所学报》，并从此以后再也没有在《物理评论》上发表过文章。

　　然而，就在《富兰克林研究所学报》出版这篇论文之前，爱因斯坦对论文进行了一次修改，将论文题目改为“论引力波”，并把“引力波不存在”的结论改成了“引力波存在”。爱因斯坦在论文的最后面加了一段备注：“这篇论文的第二部分，在罗森先生去俄国以后，我做了重大的修改，因为我们原先曾错误地解释了我们公式的结果。我要感谢我的同事罗伯逊教授友好地帮助我澄清了原先的错误。”这是怎么回事呢？

　　原来那时罗森已经前往苏联的基辅大学担任物理学教授，年轻的英费尔德成为爱因斯坦的新助手。英费尔德在咖啡馆遇到一位新朋友——普林斯顿大学教授罗伯逊（见图 9-44），他们聊天时谈论了引力波是否存在的问题。罗伯逊说他不相信引力波不存在的结论，并当场在黑板上进行了演算。“我惊奇于罗伯逊如此迅速准确地完成了全部的运算”（英费尔德语）。当英费尔德告诉爱因斯坦这件事时，爱因斯坦说他在前一天晚上刚好也在自己的证明中发现了错误，但是他还没有找到解决办法。随后罗伯逊当面向爱因斯坦解释了他的方法，使用圆柱坐标系来处理奇点的问题。于是爱因斯坦修改了论文。

　　与罗伯逊讨论之前，爱因斯坦应邀在普林斯顿做一个介绍引力波进展的学术报告。那时他还没有找到走出困境的办法，在演讲结束时只好很窘迫地说：“如果你们问我引力波是否存在，我只能回答：我不知道。但这是一个极为有趣的问题。”

　　其实，爱因斯坦只要看一下匿名审稿人那 10 页“绝对错误的意见”就会发现，自己论文的错误之处和解决方法都已经在里面指出了。那么这个高明的匿名审稿人到底是谁呢？人们怀疑是罗伯逊教授，但是罗伯逊和泰特并没有对任何人提起。

图 9-44　泰特(左)与罗伯逊(右)

多年以后，人们找到罗伯逊在 1937 年 2 月 18 日写给泰特的一封信，信中写道："关于你的最著名的投稿人去年夏天递交的那篇论文，你没有让我保持知情。但我将告诉你接下来的事情。论文被投稿到另一家期刊(甚至连你的审稿人指出的一两个数值错误都没有修改)，但当校样返回时，证明已经被完全修正了，因为在这期间，我已经使他相信原来的论述证明了同他的想法相反的东西。如果有兴趣，可以看一下1937 年 1 月的《富兰克林研究所学报》上第 37 页的文章，并对比一下文章的结论和你的审稿人的评审意见。"

这个匿名审稿人真的是罗伯逊，他巧妙地通过接近英费尔德从而帮助爱因斯坦改正了错误。泰特虽然失去了爱因斯坦的投稿，但因为坚持原则和科学严谨性、不畏权威的态度赢得了人们的尊敬。他在《物理评论》担任主编一直到去世。

2005 年，时隔 69 年之后，《物理评论》现任主编布鲁姆从堆积如山的历史资料中找出当年的稿件登记簿，在爱因斯坦来稿的审稿人一栏，果然写着罗伯逊的名字。

泰特和罗伯逊拯救了引力波研究。如果爱因斯坦发表了引力波不存在的论文，那么以后众多需要耗费巨额资金的引力波项目在长期探测不到结果的情况下恐怕会很难获得支持。

　　在广义相对论中，引力波是物质和能量产生的时空扰动向远处传播形成的时空"涟漪"。如同电磁学中电荷被加速时会发出电磁波，任何有质量的物体加速运动都会产生时空扰动而发出引力波。在车库佯谬中车头碰到车库壁停止运动，车尾由于没接收到碰撞信号继续运动，车身先缩短再伸长，就是一种加速度在车身中引起的波动。假设外星人突然把太阳从太阳系中央弄走了，由于光从太阳传播到地球需要8.3分钟，因此8.3分钟之内地球上还能看到太阳，然后太阳突然消失。由于引力以光速传播，因此引力的变化在8.3分钟后才能传到地球，地球也还将在轨道上待8.3分钟，然后突然失去引力约束，沿直线在空间中行进下去。

　　引力波一般都极其微弱，很难探测到，只有大质量天体的激烈活动才会产生很强的引力波。宇宙中主要存在三种类型的引力波辐射：一种是在超新星爆发、高密度天体的引力坍缩、两个黑洞高速相撞等突发事件发生时发出的脉冲式、强度大、时间短的引力波。一种是双星系统、中子星和白矮星及其他旋转天体发出的频率稳定的引力波。还有一种是随机无规则的引力波背景辐射，如宇宙极早期物理过程中发射的原初引力波等。图9-45是两个黑洞系统释放引力波的示意图。

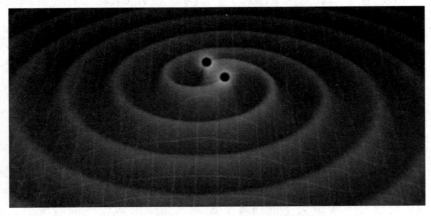

图9-45　两个互相绕转的黑洞释放的引力波

9-15-2 脉冲双星的间接证据

由于一般引力波信号极弱以及强引力波源的时间随机性，直接的引力波信号非常难以探测。然而，来自脉冲双星的发现和观察为引力波提供了精确的间接证据。

双星由围绕着共同的质量中心相互旋转的两颗恒星组成，两颗星具有相同的轨道周期。按照广义相对论，其轨道周期会由于辐射出引力波而逐渐变短，间距逐渐减小。脉冲星是一种会周期性发射出射电脉冲信号的星体，如果双星中的一颗是脉冲星，那么双星就是脉冲双星。由于射电方法测量时间具有一般光学方法难以达到的极高精度，因此脉冲双星成为理想的检验引力波理论的天空实验室。

脉冲星的发现很具故事性。1967 年 8 月 6 日，剑桥大学卡文迪许实验室 24 岁的女研究生贝尔在检测射电望远镜收到的信号时无意中发现了一个异常信号（见图 9-46）。她锲而不舍地努力追踪，在 11 月 28 日终于记录到清晰的脉冲信号。这是一个来自狐狸座的周期为 1.337 秒的稳定脉冲信号。由于这种周期信号很像地球上的电报信号，一度被猜测为外星人发来的电报。贝尔的导师休伊什根据科幻小说中的外星人"小绿人"将这个射电源称为"小绿人 1 号"LGM-1（后来命名为 PSR1919＋21）。但是贝尔很快陆续发现了新的射电源，个数已经达到 4 个。休伊什意识到这是一种前所未见的新天体——射电脉冲星，即脉冲星，并很快证认

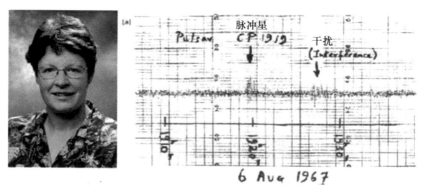

图 9-46 贝尔与发现脉冲星的首次记录（很像干扰）

脉冲星就是 30 多年前物理学家所预言的密度极大、高速自转的中子星。1974 年，休伊什因发现脉冲星，赖尔因发展射电天文观测技术而共同获得诺贝尔物理学奖，然而发现脉冲星的功臣贝尔并没有获奖。这次授奖引起了国际天文学界的巨大争议，被认为是诺贝尔奖历史上最不公平的结果之一。这次颁奖被称为"没有贝尔的诺贝尔奖"（the no Bell Nobel）。

在贝尔之前，一位著名的天体物理学家用射电望远镜观测到来自猎户座的颤抖的射电信号，但他以为是自己的记录仪出了什么毛病，对着仪器踢了一脚，于是颤抖信号消失了，他也因此与诺贝尔奖擦肩而过（见图 9-47）。这愚蠢的一脚，令他终生难忘，后悔不已。他向贝尔小姐讲述了这一故事并请贝尔对他的身份保密。另外，英国曼彻斯特大学的焦德雷尔班克 76 米射电望远镜早在贝尔发现脉冲星之前十年就已经多次记录到来自鹿豹座的脉冲星 PSR0329＋54 的脉冲信号，可是并没有确认为脉冲星，而是当作干扰信号忽略掉了。因此，贝尔发现脉冲星并不是仅凭运气，而是靠她的细心、坚韧和百折不挠，对异常现象紧抓不放才获得成功。1977 年天文学家泰勒在他的著作《脉冲星》第一页写道："献给乔丝琳·贝尔博士，没有她的有洞察力的、坚持不断的努力，我们现在可能还没有从事脉冲星研究的这份快乐！"

图 9-47　一脚踢飞诺贝尔奖

1974 年，普林斯顿大学的天文学家泰勒和他的研究生，24 岁的赫尔斯（见图 9-48）使用阿雷西博天文台的 305 米口径射电望远镜在天鹰座发现了一个脉冲双星系统 PSR1913＋16。该双星系统由两颗中子星组

成，其中一颗为发射脉冲信号的脉冲星，它们的轨道公转周期是 7.75
小时。这是人类发现的首个脉冲双星系统。

图 9-48　赫尔斯(左)与泰勒(右)

这个双星系统可谓上天赐予的绝佳礼物。泰勒和赫尔斯根据观测计算
出，该脉冲双星的近星点进动比水星强 100 倍左右，准确地与爱因斯坦理
论的预言一致。这是利用太阳系外天体对广义相对论的首次直接检验。不
止于此，这一脉冲双星系统一经发现，立即有多位相对论专家指出，该
脉冲双星将因引力波辐射而损失能量，双星将彼此盘旋接近，轨道周期
将逐渐变短(见图 9-49)。根据理论预言，轨道周期应该每年减少 75 微秒。

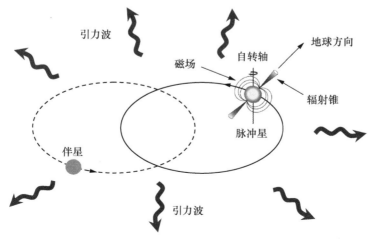

图 9-49　脉冲双星系统辐射引力波

泰勒利用世界上最大的射电望远镜进行了上千次的观测，以极高的精度获得了 PSR1913＋16 轨道周期的变化率，观测值与爱因斯坦理论符合得非常好，误差不超过 0.4％。这是迄今为止对广义相对论最轰动、最全面的检验。这也是首次给出的引力波存在的间接定量证据。泰勒和赫尔斯因此获得 1993 年诺贝尔物理学奖。关于脉冲星的发现在不到 20 年的时间里两次获得诺贝尔奖也是一大奇观。

2003 年，澳大利亚帕克斯天文望远镜发现了一对互相绕行的脉冲星，命名为 PSRJ0737-3039A／B，它们距离地球 2000 光年，轨道周期仅为 2.4 小时。相距 100 万千米的这两颗中子星都发射射电脉冲信号。这是已知的唯一一对相互环绕的双脉冲星系统。与先前发现的脉冲双星相比，PSRJ0737-3039A／B 轨道周期更短，引力辐射更强，是一个优越的引力波实验室。美国 GBT 望远镜对双脉冲星长达三年的精确测量得到，双星的间距以每天 7 毫米的速度变小，与广义相对论引力波预言的结论一致。在检验中，人们还观测到了其他的相对论效应，如脉冲星附近的时空弯曲导致的时钟变慢，即夏皮罗延迟，它的测量误差在 0.05％以内。这是对广义相对论的一次精确检验。

PSR J0348＋0432 是一个位于金牛座的由中子星和白矮星组成的脉冲双星系统。双星相距 83 万千米，轨道周期为 2.5 小时，其中的中子星质量为两倍太阳质量，是发现至今质量最大的中子星。2013 年 4 月德国马克斯·普朗克射电天文研究所的科学家通过观测这一双星轨道周期的变化再次验证了广义相对论。研究人员测得双星轨道周期变化值为每年 8 微秒，与爱因斯坦理论的预期值完全吻合，再次给出了引力波存在的间接证据。

在发现脉冲星的队伍中，出现了不少中学生的身影。2000 年 12 月，美国北卡罗来纳州的 3 名中学生奥尔伯特、克利尔菲尔德和威廉姆斯在学校科学教师的指导下研究了钱德拉太空望远镜从太空中发回的数据，发现 IC443 超新星遗迹中有一个点状的 X 射线源存在的迹象，表明那里很可能会有一颗脉冲星。这一发现最终得到证实，这三个中学生也因此获得了西门子-西屋科学和技术竞赛大奖。2009 年，美国西弗吉尼亚州一名 15 岁的女高中生布劳克斯顿发现了一颗新的脉冲星。她参加了一个美国国家射电天文台和西弗吉尼亚大学联合举办的让学生分析射电望远镜数据的脉冲星搜索协同实验室（PSC）项目，使用来自绿湾射电天文望远镜的数据，发现了这一天体。后经天文学家证实，这确实是一颗脉冲星。2009 年，美国西弗吉尼亚州的一名高中生博尔亚德在参加 PSC 项目时发现了一颗类脉冲星天体。这是一种特殊的中子星，称为旋转射电暂现源。他因此在白宫受到时任美国总统的奥巴马的接见。2015 年，美国两名高中生同样在参加 PSC 项目时发现了迄今为止拥有最大轨道的脉冲星。这颗脉冲星被正式命名为"PSR J1930-1852"，发现它的两名高中生分别是弗吉尼亚州的麦高夫和马里兰州的德尚雷。

9-15-3 引力波探测项目及最新进展

人们一直想要直接探测到引力波，为此建设了很多引力波项目。1960 年代美国马里兰大学的韦伯建造了第一个引力波探测器。该探测器由一个巨大的圆柱形铝棒构成，通常称为共振质量探测器或棒状探测器（见图 9-50）。铝棒用细丝悬挂起来，当引力波经过铝棒时，铝棒会发生谐振，安装在铝棒周围的压电传感器将检测到这些振动并将其转换成可供分析的电信号。为消除地震、空气振动、温湿度变化等带来的干扰，韦伯在相距 1000 千米远的地方放置了两个相同的探测器，只有两个探测器同时检测到的振动才会被记录下来。

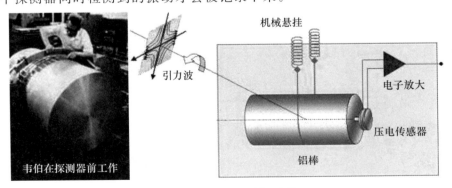

图 9-50 共振质量探测器

1969 年韦伯宣称探测到了来自银河系中心的引力波信号，一时引起轰动。但是世界各国其他建成的更高灵敏度的引力波探测器都不能重复韦伯的实验，什么也没有发现。核对当时的天文观测资料也没有发现银河系中心有任何异常情况的记录。另外，韦伯探测到的引力波强度被认为太大：按照韦伯实验接收到的信号强度，银河系在几亿年内就会因引力辐射而消失。因此科学界认为韦伯观测到的不是引力波，而是某种偶然的干扰信号。韦伯的实验虽然没有成功，但是他开创了引力波探测的先河，带动了更多更先进的项目出现，激励了更多的科学家投身到引力波探测事业中来。

　　共振质量探测器由于灵敏度较低、探测频带窄，逐步退出使用，激光干涉仪引力波探测器取而代之成为主流。激光干涉仪引力波探测器由 L 型的两条臂组成（见图 9-51）。一束激光通过分束器分成两半后分别送往内部为真空的双臂。两束激光在测试质量的镜面间多次反射以增加光程。最后两束光汇合到一起并产生干涉图样，感应器将对这个图样进行

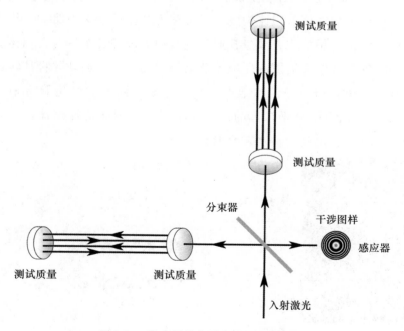

图 9-51　激光干涉仪引力波探测器原理

测量并转化为电信号。引力波传播到地球上时，会造成干涉仪两条臂的臂长产生微小的不同变化，导致干涉图样发生改变。研究者们通过检测图样的变化以搜寻引力波。这种探测器具有极高的精度，可以观测到极度微小的引力波扰动。

美国的激光干涉引力波天文台（LIGO）项目 1991 年开始建设，由位于路易斯安那州的利文斯顿和华盛顿州的汉福德的两个相同的探测器组成（见图 9-52）。每个探测器的单个臂长为 4 千米，激光在臂中来回反射大约 50 次，使等效臂长大大增加。两个探测器彼此相距 3000 千米。只有它们同时检测到的信息才有可能是引力波的信号。

LIGO 于 1999 年建成，2001 年正式投入观测，其探测精度达到 10^{-22} 量级，相当于可以检测出千分之一个质子大小的距离变化，然而观测了 10 年并没有检测到引力波。2010 年 LIGO 关闭进行升级改造，至 2015 年 9 月 18 日升级初步完成，灵敏度比升级前提高 4 倍，可以观测到比之前远 4 倍的波源。这是世界上有史以来最敏感的科学仪器，并于 2016 年宣布观测到了引力波。LIGO 计划到 2020 年完成全部升级改造，灵敏度将达到初始 LIGO 的 10 倍，精度达到 10^{-23} 量级。

图 9-52　美国 LIGO 项目位于汉福德的探测器

目前全球已经建设了多个大型的激光干涉仪引力波探测器。意大利和法国联合建造了位于意大利比萨附近臂长为 3 千米的 VIRGO，英国和德国联合建造了位于德国汉诺威的臂长 600 米的 GEO600，日本建造了位于东京国立天文台的臂长为 300 米的 TAMA300，澳大利亚建造了臂长 4 千米的 AIGO。这些探测器的联网运行将大大提高引力波源的定位精度。

　　一个空间引力波探测器项目也在计划之中。美国宇航局 NASA 和欧洲空间局 ESA 合作提出一个激光干涉空间天线（LISA）计划，发射三个相同的航天器到近地球轨道上，构成一个边长为五百万千米的等边三角形（见图 9-53）。每个航天器上都有两个完全相同的光学台，分别和相邻航天器上的光学台通过激光发生干涉，可以检测到测试质量间相对位置的极微小改变。LISA 位于太空中，将彻底消除地面震动噪声的干扰，达到更高探测灵敏度，可以探测到地面探测器无法探测的低频引力波信号。

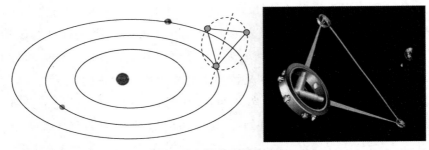

图 9-53　LISA 激光干涉仪空间天线

　　中国也提出了自己的"阿里计划""天琴计划""太极计划"等多个引力波探测计划，从地面和空间对引力波进行探测。

　　2014 年 3 月 18 日，哈佛大学-史密松天体物理中心的科瓦克博士向世界宣布，他和他的研究组利用设在南极的 BICEP2 实验设备发现了宇宙大爆炸后产生的原初引力波存在的证据。

　　宇宙微波背景辐射是充满整个宇宙的电磁背景辐射，具有偏振特性。宇宙原初引力波产生的效应作用到宇宙微波背景上，会在宇宙微波背景辐射中产生一种独特的偏振模式，称为 B 模式偏振（见图 9-54），其特点是形成旋涡。其他形式的扰动，都产生不了这种 B 模式偏振，因此 B 模式偏振成为原初引力波的独特印记。

　　南极是地球上观测微波背景辐射的最佳地点之一。BICEP2 全称为宇宙泛星系偏振背景成像，它是建在南极冰盖上的一架射电天文望远镜

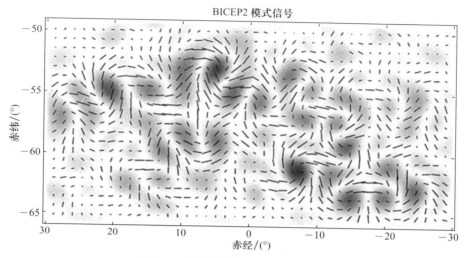

图 9-54　微波背景辐射的 B 模式偏振

（见图 9-55），其目的是测量宇宙微波背景辐射中的 B 模式偏振形态。研究人员在这里发现了比"预想中强烈得多"的 B 模式偏振信号，随后经过 3 年多分析，排除了其他可能的来源，确认它就是原初引力波导致的。这一发现如果被证实，将提供引力波存在的直接证据，这将是物理学界里程碑式的重大成果，具有极其深远的意义。

图 9-55　南极 BICEP2 射电天文望远镜

然而，2015 年 1 月 30 日，欧洲空间局 ESA 发布了通过普朗克卫星对这一结果的调查报告，认为宇宙微波背景调查 BICEP2 望远镜发现的 B 模式偏振完全可以用银河系星际尘埃的干扰进行解释，而不是源于宇宙原初引力波。在 BICEP2 发表的工作中，银河系尘埃的影响被低估了，因此原初引力波信号的证据并不充分。BICEP2 研究组已经宣布撤回他们的论文。

　　2016 年 2 月 11 日，LIGO 宣布首次探测到引力波信号。这一信号由 LIGO 的两个探测器于 2015 年 9 月 14 日世界时 9:50:45UT 探测到。位于利文斯顿的探测器比 3000 千米外汉福德的探测器早 7 毫秒发现信号，这与光速经过两地的时间差相当。在 LIGO 升级完成后正式开始观测前几天进行了试观测，试观测期间就探测到这一引力波信号，但经过长达 5 个月严谨而精确的数据分析处理后 LIGO 才正式发布。这一信号持续时间约 0.2 秒，频率从 35 Hz 到 250 Hz，由距离地球 13 亿光年远的两个分别为 36 和 29 个太阳质量的黑洞合并引起。这两个黑洞合并成一个 62 个太阳质量的新黑洞，损失的 3 个太阳质量转化成了能量，以引力波的形式释放了出来。这一引力波事件被命名为 GW150914（意思为 15 年 9 月 14 日探测到的引力波，见图 9-56 及彩插）。

　　有意思的是，LIGO 将这一重量级发现的论文发表在 2 月 11 日的美国物理学会期刊《物理评论快报》（PRL）上，这一期刊的前身正是当年退回爱因斯坦论文的《物理评论》。

　　2016 年 6 月 15 日，LIGO 宣布再次探测到引力波信号。这一信号发生在 2015 年 12 月 26 日 3:38:53UT，频率从 35 Hz 到 450 Hz，持续时间约 1 秒。这一事件被命名为 GW151226，由距离地球 14 亿光年处两个质量分别为 14.2 与 7.5 个太阳质量的黑洞合并引起。这两个黑洞合并成一个 20.8 太阳质量的新黑洞，损失的 0.9 个太阳质量转化成了引力波。此外，LIGO 还观测到一次疑似引力波信号。预计未来每年将会有 5 个 GW150914 这样的黑洞合并现象以及 40 个双星合并现象被探测到。

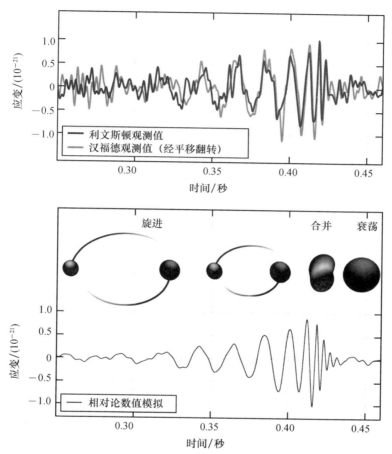

图 9-56 LIGO 观测到的 GW150914 引力波事件

由于灵敏度足够的 VIRGO 探测器正在进行升级，别的探测器可能灵敏度不够，因此暂时还没有其他探测器能验证 LIGO 的探测结果。VIRGO 升级完成后将大大提高引力波源的定位精度。

爱因斯坦在预言引力波存在时没想到引力波真的能够探测出来，他说"这些数值是如此微小，它们不会对任何东西产生显著的作用，没有人能够去测量它们。"但是，史上最灵敏的设备最终发现了引力波。至此，爱因斯坦关于广义相对论的预测全部都得到验证，LIGO 的这一发现补全了广义相对论验证的最后一块"拼图"。

我们一直通过电磁信号来观察宇宙，直接探测到引力波，为人类观测宇宙打开了一扇全新的窗口，人类的观测能力得到新的突破，对宇宙的认识将获得前所未有的体验。引力波成为人类了解遥远天体的崭新手段，它将帮助我们获取黑洞等不发光天体的信息，了解超重天体的运行及碰撞情况，更精确地观察宇宙中遥远的角落，帮助科学家更好地理解宇宙的构成。

人类第一次"听"到了宇宙的"声音"！

§9-16 文学影视作品中的相对论效应

爱因斯坦的相对论极大地改变了人们的时空观念，人们幻想有朝一日能够制造出时空机器实现时空穿越。相对论的很多效应超出了人们的日常体验，让人们感到非常神奇，这为人们的科幻和艺术创作提供了丰富的想象空间。

9-16-1 穿越可以实现吗？

现在流行很多穿越类文学作品。在各类穿越类小说中，主人公通过时空隧道或时空机器穿越到古代，然后发生很多奇异的故事。由于广受欢迎，很多穿越小说被改编成了电影、电视剧。

中国现代最早的穿越小说是台湾作者席绢1993年出版的穿越题材言情小说《交错时光的爱恋》，小说中一个20世纪的女子杨意柳穿越到宋朝变成了苏幻儿，嫁给北方豪门石无忌，开始了一段跨越时空的爱情故事。这部小说后来被改编成电视剧和话剧。

席绢之后，出现了穿越小说史上划时代的作品《寻秦记》。这是武侠小说作家黄易1996年出版的一部穿越武侠小说。小说中现代特种部队精英项少龙通过时空穿梭机来到2000多年前的战国时代，成功依靠现代知识和过人武功帮助秦王嬴政建立霸权，最后功成身退，隐居塞外。《寻秦记》大获成功，先后被改编成电视剧、电影、漫画、游戏等。

随后，各类穿越文学如火如荼地发展起来，其中秋夜雨寒的《跨过千年来爱你》甚至创造了网络点击量超过两亿次的神话。

古代最早的穿越小说要追溯到明朝小说家董说所写的《西游补》。小说中孙悟空通过一面镜子，从大唐进入秦朝的"古人世界"，又进入宋朝的"未来世界"，出现了向古代和未来两个方向的穿越。鲁迅对这部小说评价很高，说它"殊非同时作手所敢望也"。

西方最早的穿越小说是美国文学巨匠马克·吐温于1889年发表的《重返亚瑟王朝》。一个19世纪的康州美国人，倒退1300年，穿越到6世纪的英国，凭借自己掌握的历史知识和现代科学技术，成功登上亚瑟王朝首相的宝座。

俗话说，世上没有后悔药，时光不会倒流，但人们希望可以通过时空穿越来改变已经发生的事情。在电影《大话西游之月光宝盒》中，周星驰饰演的至尊宝为了阻止白晶晶的自杀，5次通过月光宝盒让时间倒退，最后一次竟穿越到500年前。

穿越作品广受欢迎，是因为人人都有穿越的梦想。由于社会发展的积累，现代人比古人具有更多的知识、见识和更高的科技水平，并且知道历史事件的走向，因此现代社会的普通人穿越到古代很容易就拥有各种"超能力"，能够有机会叱咤风云，建功立业，实现自己在现实生活中不能完成的理想。而且曾经遗憾后悔的事情可以通过穿越而重来。还有一些人们渴望穿越到未来，满足自己对未来世界的好奇心。

时空穿越真的可以实现吗？

根据相对论双生子效应，一个人只要坐进准光速飞行的飞船，时间就会急剧变慢。再回到地球时，也许这个人的时间只经过了1年，而地球上已经过了100年或者更长的时间。因此，穿越到未来在理论上是可以实现的。在古代神话故事里有"天上一日，地上一年"的说法，以及"山中方七日，世上已千年"的传说，现在变成了可能。

另外，在理论上使用医学技术也可以实现未来穿越。通过人体冷冻技术把人冷冻起来，在未来某一时间解冻复活，就相当于穿越到了未来。人类精子库通过零下196度的液氮可以把精子冷冻保存很长时间。但是人体冷冻非常复杂，冷冻和解冻的过程会造成细胞死亡，这一技术还存在很多困难，目前只能出现在科幻作品中。

在双生子效应中，不管时间怎样变慢，不管在哪个参考系中，每个人的年龄都是增长的，时间永远是单向流动、向前走的。在狭义相对论中有钟慢效应，在广义相对论中也存在引力钟慢效应，但是在任何一个参考系中时间都是增长的，时间只能变慢不能倒退。因此，"时光倒流""回到过去"这样的现象并不会发生，过去的时间不可改变，穿越到古代是不可能的。

理论上通过虫洞可以实现空间穿越，物体可以瞬间移动到宇宙中极其遥远的地方。但是虫洞只是数学上的解，没有得到任何实验证据的支持。很多科学家包括爱因斯坦都认为虫洞并不存在。

9-16-2　《星际穿越》中的相对论

大量的穿越作品是通过作者或编剧的丰富想象力来完成的，但是一些美国电影借助了庞大的科学家、物理学家团队，大大提高了作品的科学性，给人以直观的视觉冲击和强烈的科学感受。《星际穿越》是其中最精彩的一部，有必要单独介绍一下。

还记得那个著名的"黑洞赌局"吗？打赌赢了霍金的索恩也是美国著名的引力波探测项目——激光干涉引力波天文台（LIGO）的主要发起者。他还花费15年时间写了一部科普著作《黑洞与时间弯曲》，向大众介绍宇宙物理学的研究历史和发展情况。2013年索恩作为科学顾问和制片人，指导拍摄了一部科幻电影《星际穿越》（Interstellar）。该电影获得2015年第87届奥斯卡最佳视觉效果奖。电影中涉及了大量相对论知识，以故事的形式介绍了引力波、双生子效应、虫洞、黑洞、引力透镜、引力时间膨胀等，成为一部精彩的相对论科普影片。

索恩和导演诺兰就这部电影约定了两条基本原则：

（1）电影内容不能违背现有的物理定律和已知的科学事实。

（2）电影中关于那些人们尚不太清楚的物理规律允许有猜想和幻想，但应该来自真正的科学，要让科学家们觉得至少是可能的。

这使得电影具有极大的科学性，同时给艺术创作留下了空间。因此虫洞虽然在科学上没有得到任何证据的证实，还只是理论上的存在，但在电影中却生动地表现了出来，给观众以强烈感受。如果不利用虫洞实现星际穿越，将会破坏更多的物理学原理。

电影的故事背景中，在 LIGO 天文台工作的布兰德教授在 2019 年通过 LIGO 引力波探测器观测到了一场只持续了几秒钟的引力波大爆发。他惊奇地发现，这场激烈的爆发竟然来自太阳系内部的土星附近。最终布兰德发现在土星附近出现了一个虫洞，虫洞的另一端开口在一个超大型黑洞卡冈图亚附近。布兰德观测到的引力波就是虫洞另一端的黑洞吞噬一颗中子星时发出的。若干年后，地球环境极度恶化，从 NASA 退役的宇航员库珀受命驾驶飞船穿越虫洞去寻找新的家园。

虫洞是可能存在的连接两个不同时空的隧道，通过时空弯曲将宇宙中遥远的两个地方连接在一起。穿过虫洞可以瞬间到达宇宙的远方，这为突破光速限制实现星际旅行提供了可能。二维空间中的虫洞是一个圆洞，三维空间中的虫洞是球形的。遥远宇宙的星光从虫洞中透射过来，看起来像是一个水晶球悬浮在空间中。电影中展现了虫洞的这一美丽画面（见图 9-57）。

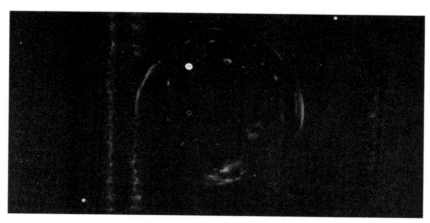

图 9-57 虫洞像一个水晶球悬浮在空间中

库珀在与女儿告别的时候说："等我回来的时候，也许我会和我的女儿一样大。"（见图 9-58）这是狭义相对论的双生子效应，在飞船以接近光速航行的时候，飞船上的时间会急剧变慢，当飞船返回时，飞船上的时间只过了几年，地球上的时间却已经过了几十年了。

等我回来的时候 也许我会和我的女儿一样大
By the time I get back, we might even be the same age, you and me.

图 9-58　双生子效应，飞船上的时间变慢

在引力场中，由于引力时间膨胀效应，飞船靠近引力中心时，时间也会变慢。库珀要探测的第一颗行星在卡冈图亚黑洞附近，是一个被水覆盖的星球。由于靠近强大的黑洞引力场，上面的时间显著变慢，星球上的一个小时相当于地球上的七年。因此库珀驾驶飞行器登上星球再返回飞船轨道舱时只花了几个小时，而在轨道中等待的黑人科学家罗米利却已经度过了 23 年多(见图 9-59)。

那个星球上的一小时相当于地球上的七年
Every hour we spend on that planet will be... seven years back on Earth.

图 9-59　引力时间膨胀或引力钟慢效应

电影中卡冈图亚黑洞的展现异常精彩，吸引了无数影迷的目光(见图 9-60)。片中对近距离观察时黑洞呈现的景象进行了准确的描述。为此，索恩动用了 30 名研究人员，使用了数千台计算机，花费了将近一年的时间，才模拟出这一迄今最为真实的黑洞形象。

黑洞的这一形象不是艺术创作，而是使用物理定律和数学公式计算出来的结果，因而具有相当的真实性。然而谁也没有见过这个样子的黑洞，这一视觉效果令人感到有点怪异和吃惊。

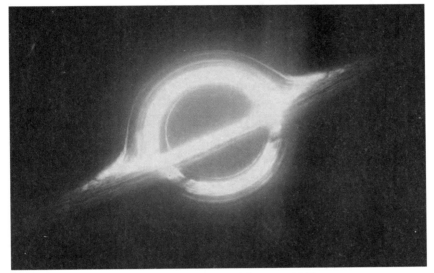

图 9-60　影片中展示的卡冈图亚黑洞

电影中的黑洞为什么是这个样子？索恩对此做出过解释（见图 9-61，图 9-62）。黑洞本身是看不见的，但黑洞周围的吸积盘可以看见，因此我们看到的黑洞实际上是吸积盘的形状。从接近吸积盘平面的地方看过去，黑洞前方的吸积盘把黑洞分成上下两半。黑洞后方的吸积盘由于引力透镜效应，发出的光被黑洞的强大引力弯曲，分成了两个部分，一部分从黑洞的顶部弯曲过来，另一部分从黑洞底部绕过，仿佛吸积盘翘了起来绕到了黑洞的上方和下方。

由于吸积盘是高速旋转的，因此会发生相对论多普勒效应和前灯效应，朝向观察者转过来的一侧发出的光会变蓝变亮，转离的一侧发出的光会变红变暗。然而电影中黑洞两侧显示的光的颜色和亮度并无明显不同。索恩对此也做了解释，因为导演担心这会让观众看不明白而决定不

你会看到吸积盘绕着黑洞顶部包裹···然后绕着黑洞底部弯曲
you see the disk wrap up around the top of the black hole... and wrap around the bottom.

图 9-61　索恩解释黑洞形状

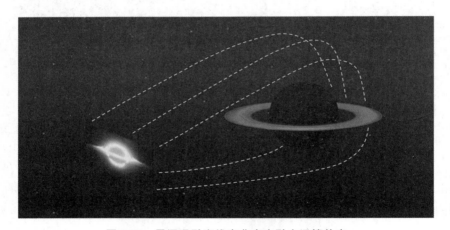

图 9-62　黑洞吸引光线弯曲产生引力透镜效应

显示这一效应。

由于科学严谨的态度，这一电影还催生了学术论文。索恩团队已经将一篇可视化黑洞的论文发表在《经典和量子引力》期刊上。该团队还发现了一些意想不到的物理现象：一位靠近快速旋转黑洞的观察者会看到黑洞影子边缘外单个恒星的数十幅图像。

《星际穿越》这部电影科学性与艺术性俱佳，既富有科幻元素，又向大众生动展现了科学原理，是一部难得的好作品。

附录　关于相对论的一些数学推导

1　惯性系之间的变换是一次变换

假设有两个惯性系 K 和 K'，那么 K 和 K' 之间必然保持相对静止或者匀速直线运动状态。在 K 系中，一个事件观察到在时刻 t 发生于 (x, y, z) 位置，用时空坐标 (x, y, z, t) 来表示，在 K' 系中观察到该事件是在时刻 t' 发生于 (x', y', z') 位置，用时空坐标 (x', y', z', t') 来表示。

我们把静止看作速度为零的匀速直线运动状态，因此如果不特别指出，下面提到的匀速直线运动状态也包括静止状态。

由于 K' 与 K 都是惯性系，因此在一个系中观察到的任何一个匀速直线运动，在另一个系中也是匀速直线运动状态。这是相对性原理(惯性系不可区分)的表现。

在数学中，把直线变换到直线的变换为仿射变换，由一个线性变换加上一个平移变换组成。仿射变换的公式表示是一次方程组，因此仿射变换又叫一次变换，其中一次项为线性变换的表现，常数项为平移变换的表现。公式的表现形式如下：

$$\begin{cases} x_1' = a_{10} + a_{11}x_1 + a_{12}x_2 + \cdots + a_{1n}x_n, \\ x_2' = a_{20} + a_{21}x_1 + a_{22}x_2 + \cdots + a_{2n}x_n, \\ \qquad\qquad \cdots\cdots \\ x_n' = a_{n0} + a_{n1}x_1 + a_{n2}x_2 + \cdots + a_{m}x_n. \end{cases}$$

惯性系 K' 与 K 之间时空坐标的变换，也是一个一次变换，它将具有如下的形式：

$$\begin{cases} x' = a_0 + a_1 x + a_2 y + a_3 z + a_4 t, \\ y' = b_0 + b_1 x + b_2 y + b_3 z + b_4 t, \\ z' = c_0 + c_1 x + c_2 y + c_3 z + c_4 t, \\ t' = d_0 + d_1 x + d_2 y + d_3 z + d_4 t, \end{cases}$$

其中各系数都是常数。

下面进行证明。

（1）在 K 中匀速直线运动的物体，在 K' 中也是匀速直线运动状态；在 K' 中匀速直线运动的物体，在 K 中也是匀速直线运动状态。

这是惯性系的基本性质，前面也已经提到。

（2）在 K 中两个不同的静止物体，在 K' 中具有相同速度；在 K' 中两个不同的静止物体，在 K 中具有相同速度（见图 1）。

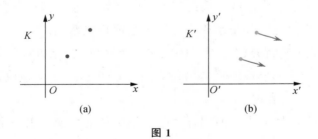

图 1

根据（1），K 中静止的这两个不同物体，在 K' 中都保持匀速直线运动状态，因此相互之间也是匀速直线运动状态。如果它们相互之间的速度不为零，必将相互远离或者靠近，最终距离将达到无穷远。由此可以区分 K 与 K' 这两个惯性系，这不符合相对性原理。特别地，如果它们相互之间的速度方向与二者连线方向相同，必然在某一个时刻重合在同一点。因此这两个物体相互之间速度为零，也就是说在 K' 中速度相同（速度的大小和方向都相同）。

反之亦然。

（3）在 K 中位于一条直线上的三个不同静止物体，在 K' 中同一时刻也位于一条直线上。

如图 2 所示，假设 K 系中有三个静止点 A，B，C 共线，在时刻 t_0 从 A 点发出一个匀速运动的质点，先后在时刻 t_1，t_2 经过 B，C 两点。

在 K' 中观察，这三点相应在时刻 t_0' 位于 A_0'，B_0'，C_0' 位置，时刻 t_1' 位于 A_1'，B_1'，C_1' 位置，时刻 t_2' 位于 A_2'，B_2'，C_2' 位置。质点在时刻 t_0' 从 A_0' 出发，在时刻 t_1'，t_2' 分别经过 B_1'，C_2' 两点。根据（1），K 中三点及质点在 K' 中都做匀速直线运动，因此分别有 A_0'，A_1'，A_2' 共线，B_0'，B_1'，B_2' 共线，C_1'，C_1'，C_2' 共线及 A_0'，B_1'，C_2' 共线。根据（2），有 $A_0'A_1' // B_0'B_1' // C_0'C_2'$，三直线平行。

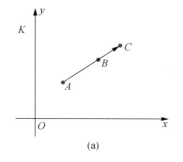
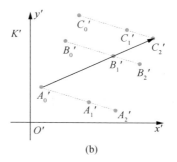

图 2

由于质点做匀速直线运动，因此
$$\frac{A_0'B_1'}{A_0'C_2'} = \frac{t_1' - t_0'}{t_2' - t_0'}。$$
由于 B 点与 C 点运动速度相等，因此
$$\frac{B_0'B_1'}{C_0'C_2'} = \frac{t_1' - t_0'}{t_2' - t_0'}。$$

由此可得

$$\frac{A_0' B_1'}{A_0' C_2'} = \frac{B_0' B_1'}{C_0' C_2'}。$$

从简单的几何学就可以知道 A_0'，B_0'，C_0' 三点共线。由于三点在 K' 中以相同的速度做匀速直线运动，可知这三点在 K' 中任一时刻都共线。

（4）在 K 中不共线的三个不同的静止物体，在 K' 中同一时刻也不共线。

如图 3 所示，假设 K 系中有三个静止点 A，B，C，在时刻 t_0 从 A 点发出一个匀速运动的质点，在时刻 t_1 经过 B 点。

在 K' 中观察，这三点相应在时刻 t_0' 位于 A_0'，B_0'，C_0' 位置，时刻 t_1' 位于 A_1'，B_1'，C_1' 位置。质点在时刻 t_0' 从 A_0' 出发，在时刻 t_1' 经过 B_1' 点。由于三点在 K' 中运动速度相等，因此 $B_0'B_1' // C_0'C_1'$，质点路线与直线 $B_0'B_1'$ 相交，必然与直线 $C_0'C_1'$ 相交。假设 A_0'，B_0'，C_0' 三点共线，质点在时刻 t_2' 经过直线 $C_0'C_1'$ 上 C_2' 点。由于 $B_0'B_1' // C_0'C_2'$，可知 $\frac{C_0'C_2'}{B_0'B_1'} = \frac{A_0'C_2'}{A_0'B_1'} = \frac{t_2'-t_0'}{t_1'-t_0'}$，于是 $C_0'C_2' = B_0'B_1' \frac{t_2'-t_0'}{t_1'-t_0'}$。由于 B，C 两点在 K' 中速度相等，因此 C 点在 K' 中恰好于时刻 t_2' 经过 C_2' 点与质点相遇。在 K 中将观察到质点经过 C 点，于是 A，B，C 三点共线。因此若 A，B，C 三点不共线，必然有 A_0'，B_0'，C_0' 三点也不共线。

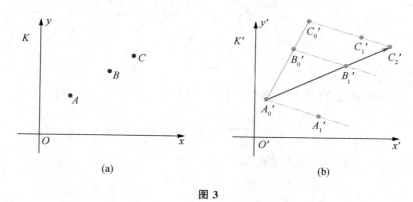

图 3

（5）在 K 中静止的两条平行直线，在 K' 中同一时刻也保持平行。

如图 4 所示，假设 A，B，C，D 是 K 系中静止四点，$AB // CD$，

在 K' 系中观察于时刻 t'_0 位于 A'_0，B'_0，C'_0，D'_0 位置。如果 $A'_0 B'_0$ 与 $C'_0 D'_0$ 不平行，在 t'_0 时刻有交点 E'_0，该点对应于 K 中的静止点 E 点。根据（4）的逆否命题，A，B，E 在 K' 中同一时刻的位置 A'_0，B'_0，E'_0 共线，因而 A，B，E 也共线。同理可知 C，D，E 也共线。那么 AB 和 CD 在 K 中相交于 E 点。这与 $AB // CD$ 矛盾。因此可知 $A'_0 B'_0$ 与 $C'_0 D'_0$ 平行。

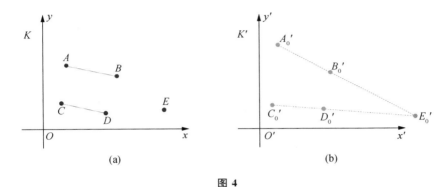

图 4

（6）设 A，B，C 是 K 系中三个共线的静止点，在 K' 系中观察于时刻 t'_0 位于 A'_0，B'_0，C'_0 位置，那么 $\dfrac{B'_0 C'_0}{A'_0 B'_0} = \dfrac{BC}{AB}$，即共线三点的单比保持不变。

先证明 AB 和 BC 线段相等的情况。如图 5 所示，此时把 AB 平行移动至不共线的 DE 两点。那么 $AB // DE // BC$，且 $AB = DE = BC$。于是四边形 $ABED$ 和 $BCED$ 都是平行四边形。在 K' 系中观察 D，E 两点在时刻 t'_0 位于 D'_0，E'_0 位置。根据（5），K 中的平行线段在 K' 中同一时刻保持平行，那么四边形 $A'_0 B'_0 E'_0 D'_0$ 和 $B'_0 C'_0 E'_0 D'_0$ 都是平行四边形。于是 $A'_0 B'_0 = D'_0 E'_0 = B'_0 C'_0$，有 $\dfrac{B'_0 C'_0}{A'_0 B'_0} = \dfrac{BC}{AB} = 1$，可知 K 中同一条直线上的相等线段在 K' 中同一时刻保持相等。

如果 $\dfrac{BC}{AB}$ 是有理数，如图 6 所示，可以把 BC 和 AB 分成若干个相等的小线段，这些小线段在 K' 中同一时刻保持相等，仍然有 $\dfrac{B'_0 C'_0}{A'_0 B'_0} = \dfrac{BC}{AB}$。

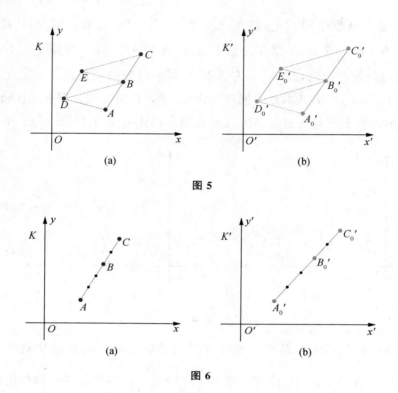

图 5

图 6

如果 $\dfrac{BC}{AB}$ 是无理数，可以用大于和小于该无理数的有理数来进行无限逼近。可知在任意的精度上都会有 $\dfrac{B'_0 C'_0}{A'_0 B'_0} = \dfrac{BC}{AB}$。

（7）设 O，A，B，C 分别是 K 系中的原点和 x，y，z 坐标轴上的单位坐标点，坐标分别是 $(0,0,0)$，$(1,0,0)$，$(0,1,0)$ 和 $(0,0,1)$，称 O，A，B，C 四点组为 K 系的单位标架（见图 7(a)）。这四点在 K' 系中 $t'=0$ 时分别位于 O'_0，A'_0，B'_0 和 C'_0 点，坐标分别是 (x'_0, y'_0, z'_0)，(x'_a, y'_a, z'_a)，(x'_b, y'_b, z'_b) 和 (x'_c, y'_c, z'_c)。这四点在 K' 系中时刻 t' 分别位于 O'_t，A'_t，B'_t 和 C'_t 点（见图 7(b)）。

设 P，Q，R 是 K 系中 x，y，z 坐标轴上的任意点，其坐标分别是 $(x,0,0)$，$(0,y,0)$ 和 $(0,0,z)$。这三点在 K' 系中时刻 t' 分别位于 P'_t，Q'_t 和 R'_t 点，坐标分别是 (x'_P, y'_P, z'_P)，(x'_Q, y'_Q, z'_Q) 和

$(x'_R, \ y'_R, \ z'_R)$。

由于 K 系中的静止点在 K' 系中具有相同的速度，设这个速度是 $(v'_x, \ v'_y, \ v'_z)$，那么 K' 系中 O'_t，A'_t，B'_t 和 C'_t 点的坐标分别是

$$(x'_0, y'_0, z'_0) + (v'_x, v'_y, v'_z)t',$$
$$(x'_a, y'_a, z'_a) + (v'_x, v'_y, v'_z)t',$$
$$(x'_b, y'_b, z'_b) + (v'_x, v'_y, v'_z)t',$$
$$(x'_c, y'_c, z'_c) + (v'_x, v'_y, v'_z)t'。$$

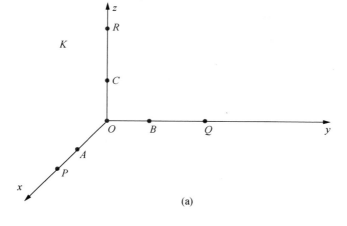

(a)

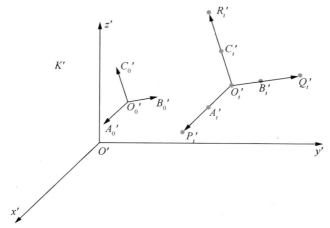

(b)

图 7

根据前面的结论可知，$O_t'A_t'P_t'$，$O_t'B_t'Q_t'$，$O_t'C_t'R_t'$ 分别共线，且
$$\frac{O_t'P_t'}{O_t'A_t'}=\frac{OP}{OA}=x, \quad \frac{O_t'Q_t'}{O_t'B_t'}=\frac{OQ}{OB}=y, \quad \frac{O_t'R_t'}{O_t'C_t'}=\frac{OR}{OC}=z。$$ 再由

$$\overrightarrow{O_t'P_t'} = (x_P', y_P', z_P') - ((x_0', y_0', z_0') + (v_x', v_y', v_z')t'),$$

$$\overrightarrow{O_t'A_t'} = (x_a', y_a', z_a') - (x_0', y_0', z_0'),$$

可得

$$(x_P', y_P', z_P') - ((x_0', y_0', z_0') + (v_x', v_y', v_z')t')$$
$$= x((x_a', y_a', z_a') - (x_0', y_0', z_0'))。$$

于是

$$\begin{cases} x_P' = x_0' + v_x't' + (x_a' - x_0')x, \\ y_P' = y_0' + v_y't' + (y_a' - y_0')x, \\ z_P' = z_0' + v_z't' + (z_a' - z_0')x。 \end{cases}$$

同理可得

$$\begin{cases} x_Q' = x_0' + v_x't' + (x_b' - x_0')y, \\ y_Q' = y_0' + v_y't' + (y_b' - y_0')y, \\ z_Q' = z_0' + v_z't' + (z_b' - z_0')y; \end{cases}$$

$$\begin{cases} x_R' = x_0' + v_x't' + (x_c' - x_0')z, \\ y_R' = y_0' + v_y't' + (y_c' - y_0')z, \\ z_R' = z_0' + v_z't' + (z_c' - z_0')z。 \end{cases}$$

我们就得到了 K 系中坐标轴上任意点到 K' 系中时刻 t' 位置的变换。

（8）对于 K 系中任意一点 $G(x, y, z)$，其在 x，y，z 轴上的投影点分别是 $P(x, 0, 0)$，$Q(0, y, 0)$，$R(0, 0, z)$点（见图 8(a)）。设点 G 在 xy 平面上的投影点为 H 点，那么四边形 $OHGR$ 和 $OPHQ$ 都是矩形，有

$$\overrightarrow{OG} = \overrightarrow{OH} + \overrightarrow{HG} = \overrightarrow{OP} + \overrightarrow{PH} + \overrightarrow{HG}$$
$$= \overrightarrow{OP} + \overrightarrow{OQ} + \overrightarrow{OR}。$$

设 G，H 点在 K' 中时刻 t' 分别位于 G_t'，H_t' 点（见图 8(b)）。根据（5），

K 中的平行线段在 K' 中同一时刻保持平行，可知四边形 $O_t'H_t'G_t'R_t'$ 和
四边形 $O_t'P_t'H_t'Q_t'$ 都是平行四边形，那么

$$\overrightarrow{O_t'G_t'} = \overrightarrow{O_t'H_t'} + \overrightarrow{H_t'G_t'} = \overrightarrow{O_t'P_t'} + \overrightarrow{P_t'H_t'} + \overrightarrow{H_t'G_t'}$$

$$= \overrightarrow{O_t'P_t'} + \overrightarrow{O_t'Q_t'} + \overrightarrow{O_t'R_t'} \, 。$$

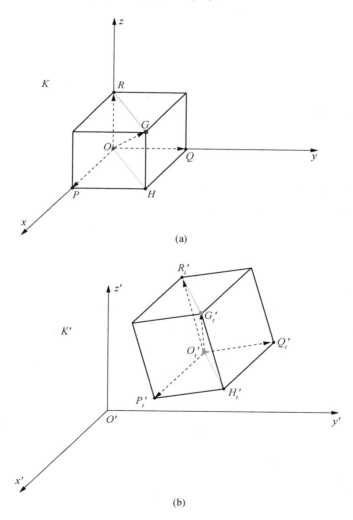

(a)

(b)

图 8

设 G_t' 在 K' 中坐标为 (x', y', z')，那么

$$\overrightarrow{O_t'G_t'} = (x', y', z') - ((x_0', y_0', z_0') + (v_x', v_y', v_z')t'),$$

$$\overrightarrow{O_t'P_t'} = (x_P', y_P', z_P') - ((x_0', y_0', z_0') + (v_x', v_y', v_z')t'),$$

$$\overrightarrow{O_t'Q_t'} = (x_Q', y_Q', z_Q') - ((x_0', y_0', z_0') + (v_x', v_y', v_z')t'),$$

$$\overrightarrow{O_t'R_t'} = (x_R', y_R', z_R') - ((x_0', y_0', z_0') + (v_x', v_y', v_z')t').$$

根据前面 (x_P', y_P', z_P')，(x_Q', y_Q', z_Q') 和 (x_R', y_R', z_R') 的公式，可得

$$\begin{cases} x' = x_0' + v_x't' + (x_a' - x_0')x + (x_b' - x_0')y + (x_c' - x_0')z, \\ y' = y_0' + v_y't' + (y_a' - y_0')x + (y_b' - y_0')y + (y_c' - y_0')z, \quad (1) \\ z' = z_0' + v_z't' + (z_a' - z_0')x + (z_b' - z_0')y + (z_c' - z_0')z. \end{cases}$$

我们就得到了 K 系中任意点到 K' 系中时刻 t' 位置的变换。

（9）同理可知，对于 K' 系中任意一点 (x', y', z')，其在 K 系中时刻 t 的位置 (x, y, z) 由下式给出：

$$\begin{cases} x = x_0 + v_xt + (x_a - x_0)x' + (x_b - x_0)y' + (x_c - x_0)z', \\ y = y_0 + v_yt + (y_a - y_0)x' + (y_b - y_0)y' + (y_c - y_0)z', \quad (2) \\ z = z_0 + v_zt + (z_a - z_0)x' + (z_b - z_0)y' + (z_c - z_0)z', \end{cases}$$

其中，(x_0, y_0, z_0)，(x_a, y_a, z_a)，(x_b, y_b, z_b) 和 (x_c, y_c, z_c) 为 K' 系中的单位标架 $O'A'B'C'$ 在 K 系中 $t = 0$ 时刻的位置 O_0，A_0，B_0，C_0 的 K 系坐标，(v_x, v_y, v_z) 为 K' 系中静止点在 K 系中的速度。

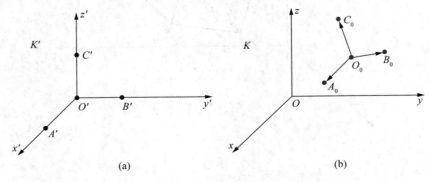

(a)　　　　　　　　　　(b)

图 9

综合上面(1)，(2)两个方程组，把第一组方程中的 x'，y'，z' 代入第二组方程，可得

$$
\begin{cases}
x = x_0 + v_x t \\
\quad + (x_a - x_0)(x'_0 + v'_x t' + (x'_a - x'_0)x + (x'_b - x'_0)y + (x'_c - x'_0)z) \\
\quad + (x_b - x_0)(y'_0 + v'_y t' + (y'_a - y'_0)x + (y'_b - y'_0)y + (y'_c - y'_0)z) \\
\quad + (x_c - x_0)(z'_0 + v'_z t' + (z'_a - z'_0)x + (z'_b - z'_0)y + (z'_c - z'_0)z), \\
y = y_0 + v_y t \\
\quad + (y_a - y_0)(x'_0 + v'_x t' + (x'_a - x'_0)x + (x'_b - x'_0)y + (x'_c - x'_0)z) \\
\quad + (y_b - y_0)(y'_0 + v'_y t' + (y'_a - y'_0)x + (y'_b - y'_0)y + (y'_c - y'_0)z) \\
\quad + (y_c - y_0)(z'_0 + v'_z t' + (z'_a - z'_0)x + (z'_b - z'_0)y + (z'_c - z'_0)z), \\
z = z_0 + v_z t \\
\quad + (z_a - z_0)(x'_0 + v'_x t' + (x'_a - x'_0)x + (x'_b - x'_0)y + (x'_c - x'_0)z) \\
\quad + (z_b - z_0)(y'_0 + v'_y t' + (y'_a - y'_0)x + (y'_b - y'_0)y + (y'_c - y'_0)z) \\
\quad + (z_c - z_0)(z'_0 + v'_z t' + (z'_a - z'_0)x + (z'_b - z'_0)y + (z'_c - z'_0)z).
\end{cases}
$$

$$(3)$$

这是关于 t'，t，x，y，z 的一次方程组，三个方程中 t' 的系数分别为

$$
s_x = (x_a - x_0)v'_x + (x_b - x_0)v'_y + (x_c - x_0)v'_z,
$$
$$
s_y = (y_a - y_0)v'_x + (y_b - y_0)v'_y + (y_c - y_0)v'_z,
$$
$$
s_z = (z_a - z_0)v'_x + (z_b - z_0)v'_y + (z_c - z_0)v'_z。
$$

由于

$$
\overrightarrow{O_0 A_0} = (x_a - x_0, y_a - y_0, z_a - z_0),
$$
$$
\overrightarrow{O_0 B_0} = (x_b - x_0, y_b - y_0, z_b - z_0),
$$
$$
\overrightarrow{O_0 C_0} = (x_c - x_0, y_c - y_0, z_c - z_0),
$$

有

$$
(s_x, s_y, s_z) = v'_x \overrightarrow{O_0 A_0} + v'_y \overrightarrow{O_0 B_0} + v'_z \overrightarrow{O_0 C_0}。
$$

v'_x，v'_y，v'_z 不全为零，这是一个非零矢量，因此 s_x，s_y，s_z 也不全为

零。那么 t' 可以表示成 x，y，z，t 的一次函数，具体方法为在方程组 (3) 中，用 s_x 乘以第一式，加上 s_y 乘以第二式，再加上 s_z 乘以第三式，然后再除以 $s_x^2 + s_y^2 + s_z^2$，可得

$$t' = d_0 + d_1 x + d_2 y + d_3 z + d_4 t .$$

把 t' 表达式代入方程组 (1) 可知，x'，y'，z' 也可以表示成 x，y，z，t 的一次函数，有

$$\begin{cases} x' = a_0 + a_1 x + a_2 y + a_3 z + a_4 t , \\ y' = b_0 + b_1 x + b_2 y + b_3 z + b_4 t , \\ z' = c_0 + c_1 x + c_2 y + c_3 z + c_4 t , \\ t' = d_0 + d_1 x + d_2 y + d_3 z + d_4 t . \end{cases} \tag{4}$$

因此，(x, y, z, t) 到 (x', y', z', t') 的变换是一次变换 (或仿射变换)。

反过来也有 (x', y', z', t') 到 (x, y, z, t) 的变换是一次变换 (或仿射变换)。

这个仿射变换是建立在相对性原理的基础上，然后在仿射变换之上，根据光速不变原理，就可以有很多种方法来得到洛伦兹变换。因此洛伦兹变换建立在相对性原理和光速不变原理的基础上。

著名数学家华罗庚从数学上证明了只需要用到光速不变原理就可以得到洛伦兹变换。他在著作《从单位圆谈起》中指出：

"对狭义相对论来说，原有两个假设：

（A）相对性原理中要求匀速直线运动还是匀速直线运动。

（B）光速不变原理是假设光以常速 c 做直线运动。

我们现在的处理方法是有了光速不变原理，就可以推出洛伦兹群了，就是相对性原理中要求匀速直线运动还是匀速直线运动是推论而不是假设。这给我们提供了方便，如果要验证或推翻上述两点，只要用实验来检验光速不变性就够了。"

当然，从物理上来说，光速不变原理是由相对性原理和麦克斯韦电磁理论来保证的，相对性原理是比光速不变原理更基础的原理。

2　洛伦兹变换的初等推导

假设惯性系 K' 中的直角坐标系 $O'x'y'z'$ 在某一时刻与惯性系 K 中的直角坐标系 $Oxyz$ 重合，并以速度 v 沿 x 轴正方向运动。在 K 与 K' 中都以两坐标系原点重合的时刻作为计时的零点。

如图 10 所示，星际火车 K 静止在 x 轴上。在 K 中观察，星际火车 K' 在 xy 平面上与火车 K 的距离为 d，以速度 v 向 x 轴正方向运动，K 中光速为 c。在 K' 中观察，两车距离为 d'，火车 K 以速度 v' 向 x 轴反方向运动，K' 中光速为 c'。以两车距离为单位距离建立两参考系中的长度比较标准，有 $d'=d$。两个参考系中的时间可以用两系中的光速或者两车的相对速度作为标准来定义和比较。

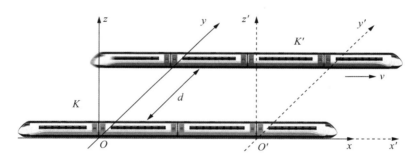

图 10　火车坐标系

假设一个事件在 K' 和 K 系中的时空坐标分别是 (x', y', z', t') 和 (x, y, z, t)，那么根据附录 1，这两个时空坐标之间的变换是一次变换：

$$\begin{cases} x' = a_0 + a_1 x + a_2 y + a_3 z + a_4 t, \\ y' = b_0 + b_1 x + b_2 y + b_3 z + b_4 t, \\ z' = c_0 + c_1 x + c_2 y + c_3 z + c_4 t, \\ t' = d_0 + d_1 x + d_2 y + d_3 z + d_4 t, \end{cases} \tag{5}$$

其中各系数都是常数。

（1）原点重合时，K' 与 K 系为计时零点，也就是 $(x, y, z, t) = (0,$

0，0，0）时，$(x'，y'，z'，t')=(0，0，0，0)$。代入上面的公式，可以得到 $a_0=b_0=c_0=d_0=0$，变换简化为

$$\begin{cases} x'=a_1x+a_2y+a_3z+a_4t, \\ y'=b_1x+b_2y+b_3z+b_4t, \\ z'=c_1x+c_2y+c_3z+c_4t, \\ t'=d_1x+d_2y+d_3z+d_4t. \end{cases} \quad (6)$$

这种常数项为零的一次变换为线性变换。

（2）考虑到 xz 平面与 $x'z'$ 平面重合，那么 $y=0$ 时，$y'=0$，代入上式得到 $b_1=b_3=b_4=0$。xy 平面与 $x'y'$ 平面重合，$z=0$ 时，$z'=0$，代入上式得到 $c_1=c_2=c_4=0$。因此有

$$\begin{cases} x'=a_1x+a_2y+a_3z+a_4t, \\ y'=b_2y, \\ z'=c_3z, \\ t'=d_1x+d_2y+d_3z+d_4t. \end{cases}$$

（3）$y=d$ 时，$y'=d'=d$，代入上式得 $b_2=1$，有

$$\begin{cases} x'=a_1x+a_2y+a_3z+a_4t, \\ y'=y, \\ z'=c_3z, \\ t'=d_1x+d_2y+d_3z+d_4t. \end{cases}$$

（4）坐标系 $x'y'z'$ 相对 xyz 以速度 v 匀速向 x 轴正方向运动，$x'=0$ 时，$x=vt$，代入上式得 $a_1vt+a_2y+a_3z+a_4t=0$。于是 $a_2=a_3=0$，$a_1v+a_4=0$，即 $a_4=-a_1v$，有

$$\begin{cases} x'=a_1(x-vt), \\ y'=y, \\ z'=c_3z, \\ t'=d_1x+d_2y+d_3z+d_4t. \end{cases}$$

（5）坐标系 xyz 相对 $x'y'z'$ 以速度 v' 匀速向 x' 轴反方向运动，$x=0$ 时，$x'=-v't'$，由上式得 $-a_1vt=-v'(d_2y+d_3z+d_4t)$，于是 $d_2=d_3=0$，$a_1v-d_4v'=0$，可得 $d_4=a_1v/v'$，变换简化为

$$\begin{cases} x' = a_1(x - vt), \\ y' = y, \\ z' = c_3 z, \\ t' = d_1 x + a_1 vt/v'. \end{cases} \quad (7)$$

（6）假设在 K 与 K' 两系原点重合时从原点发出一束光，在 K 系中光经过时间 t 到达位置 (x, y, z)，在 K' 系中观察这一事件为光经过时间 t' 到达位置 (x', y', z')，在两个惯性系中的光速都与光源的运动无关，均为常数，因此

$$\begin{cases} \sqrt{(x-0)^2 + (y-0)^2 + (z-0)^2} = c(t - 0), \\ \sqrt{(x'-0)^2 + (y'-0)^2 + (z'-0)^2} = c'(t' - 0). \end{cases}$$

由此可得

$$\begin{cases} x^2 + y^2 + z^2 = c^2 t^2, \\ x'^2 + y'^2 + z'^2 = c'^2 t'^2. \end{cases} \quad (8)$$

把（7）式代入，得

$$\begin{cases} x^2 + y^2 + z^2 = c^2 t^2, \\ a_1^2(x - vt)2 + y^2 + c_3^2 z^2 = c'^2(d_1 x + a_1 vt/v')^2. \end{cases}$$

整理得

$$\begin{cases} x^2 + y^2 + z^2 = c^2 t^2, \\ (a_1^2 - c'^2 d_1^2)x^2 + y^2 + c_3^2 z^2 = 2(a_1^2 + c'^2 d_1 a_1/v')vxt \\ \qquad\qquad\qquad\qquad + (c'^2 a_1^2 v^2/v'^2 - a_1^2 v^2)t^2. \end{cases}$$

比较系数得

$$\begin{cases} a_1^2 - c'^2 d_1^2 = 1, \\ c_3^2 = 1, \\ a_1^2 + c'^2 d_1 a_1/v' = 0, \\ c'^2 a_1^2 v^2/v'^2 - a_1^2 v^2 = c^2. \end{cases}$$

由此得到

$$\begin{cases} a_1^2 - c'^2 d_1^2 = 1, \\ c_3 = \pm 1, \\ a_1 + c'^2 d_1/v' = 0, \\ (c'^2/v'^2 - 1)a_1^2 v^2 = c^2. \end{cases}$$

$c_3 = \pm 1$，由于 z' 轴与 z 轴正方向一致，所以 $c_3 = 1$。

继续推导，有

$$
\begin{cases}
a_1^2 - c'^2 d_1^2 = 1, \\
c_3 = 1, \\
d_1 = -a_1 v'/c'^2, \\
a_1^2 = \dfrac{c^2/v^2}{c'^2/v'^2 - 1} = \dfrac{v'^2/c'^2}{(v^2/c^2)(1 - v'^2/c'^2)}。
\end{cases}
$$

把上面的第三式 $d_1 = -a_1 v'/c'^2$ 代入第一式 $a_1^2 - c'^2 d_1^2 = 1$ 中，得

$$a_1^2 - a_1^2 v'^2/c'^2 = 1。$$

于是 $a_1^2 = 1/(1 - v'^2/c'^2)$，那么

$$
\begin{cases}
a_1^2 = \dfrac{1}{1 - v'^2/c'^2}, \\
c_3 = 1, \\
d_1 = -a_1 v'/c'^2, \\
a_1^2 = \dfrac{v'^2/c'^2}{(v^2/c^2)(1 - v'^2/c'^2)}。
\end{cases}
\tag{9}
$$

把上面第四式除以第一式可得 $v'^2/c'^2 = v^2/c^2$，于是有

$$v'/c' = v/c。 \tag{10}$$

记 $\beta = v'/c' = v/c$，根据 (9) 式得

$$
\begin{cases}
a_1^2 = \dfrac{1}{1 - \beta^2}, \\
c_3 = 1, \\
d_1 = -a_1 \beta/c'。
\end{cases}
$$

由此可得 $a_1 = \pm \dfrac{1}{\sqrt{1 - \beta^2}}$。由于 x' 轴与 x 轴正方向一致，所以 $a_1 = \dfrac{1}{\sqrt{1 - \beta^2}}$，于是 $d_1 = \dfrac{-\beta/c'}{\sqrt{1 - \beta^2}}$，有

$$
\begin{cases}
a_1 = \dfrac{1}{\sqrt{1 - \beta^2}}, \\
c_3 = 1, \\
d_1 = \dfrac{-\beta/c'}{\sqrt{1 - \beta^2}}。
\end{cases}
$$

根据(7)式，有

$$t' = d_1 x + a_1 vt/v'$$

$$= \frac{-\beta x/c' + vt/v'}{\sqrt{1-\beta^2}} = \frac{-\beta x/c' + ct/c'}{\sqrt{1-\beta^2}}$$

$$= \frac{ct - \beta x}{c'\sqrt{1-\beta^2}} = \frac{ct - xv/c}{c'\sqrt{1-\beta^2}} = \frac{(t - xv/c^2)c/c'}{\sqrt{1-\beta^2}}.$$

代入(7)式，得

$$
\begin{cases}
x' = \dfrac{x - vt}{\sqrt{1-\beta^2}}, \\[2mm]
y' = y, \\[2mm]
z' = z, \\[2mm]
t' = \dfrac{(t - xv/c^2)c/c'}{\sqrt{1-\beta^2}}.
\end{cases}
\tag{11}
$$

这就是两个参考系之间的时空坐标变换公式。

由于 $v'/c' = v/c$，我们得到：如果 $v' = v$，必然有 $c' = c$；如果 $c' = c$，也必然有 $v' = v$。这说明用光速定义时间和用两车的相对速度定义时间这两种方式是等价的，可知 $v' = v$ 与 $c' = c$ 同时成立。那么(11)式变为

$$
\begin{cases}
x' = \dfrac{x - vt}{\sqrt{1-\beta^2}}, \\[2mm]
y' = y, \\[2mm]
z' = z, \\[2mm]
t' = \dfrac{t - xv/c^2}{\sqrt{1-\beta^2}},
\end{cases}
$$

即

$$
\begin{cases}
x' = \dfrac{x - vt}{\sqrt{1 - v^2/c^2}}, \\[2mm]
y' = y, \\[2mm]
z' = z, \\[2mm]
t' = \dfrac{t - xv/c^2}{\sqrt{1 - v^2/c^2}}.
\end{cases}
\tag{12}
$$

这就是著名的洛伦兹变换公式。我们看到

$$\begin{cases} y' = y, \\ z' = z, \end{cases}$$

这表明垂直于运动方向上的任何长度保持不变。

记 $\gamma = \dfrac{1}{\sqrt{1 - v^2/c^2}}$ 为洛伦兹因子，那么洛伦兹变换公式可表示为

$$\begin{cases} x' = \gamma(x - vt), \\ y' = y, \\ z' = z, \\ t' = \gamma(t - xv/c^2)。 \end{cases} \tag{13}$$

根据上式消元可得

$$x' + vt' = \gamma(x - vt) + \gamma(vt - xv^2/c^2) = \gamma(x - xv^2/c^2) = x/\gamma,$$
$$t' + x'v/c^2 = \gamma(t - xv/c^2) + \gamma(xv/c^2 - tv^2/c^2) = \gamma(t - tv^2/c^2) = t/\gamma。$$

于是

$$\begin{cases} x = \gamma(x' + vt'), \\ y = y', \\ z = z', \\ t = \gamma(t' + x'v/c^2), \end{cases} \tag{14}$$

或者

$$\begin{cases} x = \dfrac{x' + vt'}{\sqrt{1 - v^2/c^2}}, \\ y = y', \\ z = z', \\ t = \dfrac{t' + x'v/c^2}{\sqrt{1 - v^2/c^2}}。 \end{cases} \tag{15}$$

这就是洛伦兹变换的逆变换公式。注意到洛伦兹逆变换不过是把洛伦兹变换中的 v 换成了 $-v$。

3　惯性系变换只有伽利略变换和洛伦兹变换两种

附录 1 中的方程组(1)，(2)，(3)，(4)还可以进一步简化。

由于坐标系可以自由选择，如图 11 所示，如果我们在 K 系中选择坐标系的 x 轴方向与 K' 系相对 K 系的运动方向相一致，那么有 $v_y = v_z = 0$，在 K' 系中选取 x' 轴的方向与 K 系相对 K' 系的运动方向相一致，那么有 $v'_y = v'_z = 0$。我们设定在 K 系中 $t = 0$ 时，K' 系的原点与 K 系原点重合，K' 系的 x' 轴，y' 轴，z' 轴分别与 K 系的 x 轴，y 轴，z 轴重合，两原点重合时刻定为 K' 系中 $t' = 0$ 时刻。在这些条件下可以得到

$$\begin{cases} (x'_0, y'_0, z'_0) = (0,0,0), \\ (x'_a, y'_a, z'_a) = (x'_a, 0, 0), \\ (x'_b, y'_b, z'_b) = (0, y'_b, 0), \\ (x'_c, y'_c, z'_c) = (0, 0, z'_c), \end{cases} \qquad \begin{cases} (x_0, y_0, z_0) = (0,0,0), \\ (x_a, y_a, z_a) = (x_a, 0, 0), \\ (x_b, y_b, z_b) = (0, y_b, 0), \\ (x_c, y_c, z_c) = (0, 0, z_c)。 \end{cases}$$

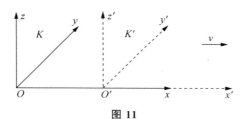

图 11

把这些条件代入方程组(1)，(2)，(3)，整理可得

$$\begin{cases} x' = v'_x t' + x'_a x, \\ y' = y'_b y, \\ z' = z'_c z; \end{cases} \tag{16}$$

$$\begin{cases} x = v_x t + x_a x', \\ y = y_b y', \\ z = z_c z'; \end{cases} \tag{17}$$

$$\begin{cases} x = v_x t + x_a (v'_x t' + x'_a x), \\ y = y_b y'_b y, \\ z = z_c z'_c z。 \end{cases} \tag{18}$$

由此可得 $y_b y'_b = 1$，$z_c z'_c = 1$，及

$$t' = \frac{(1 - x_a x'_a)x - v_x t}{x_a v'_x}。$$

代入方程组（16），可得

$$\begin{cases} x' = \dfrac{x - v_x t}{x_a}, \\[2mm] y' = y'_b y, \\[2mm] z' = z'_c z, \\[2mm] t' = \dfrac{(1 - x_a x'_a)x - v_x t}{x_a v'_x}。 \end{cases} \tag{19}$$

这是简化后的变换公式。由上式可以得到

$$\begin{cases} x = \dfrac{x' - v'_x t'}{x'_a}, \\[2mm] y = y_b y', \\[2mm] z = z_c z', \\[2mm] t = \dfrac{(1 - x_a x'_a)x' - v'_x t'}{x'_a v_x}。 \end{cases} \tag{20}$$

这是逆变换的公式，与（19）式具有相同的形式。

根据相对性原理，可以认为 $y'_b = y_b$，$z'_c = z_c$，$x'_a = x_a$，$v'_x = -v_x$，那么 $y'_b = y_b = 1$，$z'_c = z_c = 1$，设 $x_a = \beta$，$v_x = v$，上面的（19）式以及（20）式转化为

$$\begin{cases} x' = \dfrac{1}{\beta}(x - vt), \\[2mm] y' = y, \\[2mm] z' = z, \\[2mm] t' = \dfrac{1}{\beta}(t - (1 - \beta^2)x/v); \end{cases} \tag{21}$$

$$\begin{cases} x = \dfrac{1}{\beta}(x' + vt'), \\[2mm] y = y', \\[2mm] z = z', \\[2mm] t = \dfrac{1}{\beta}(t' + (1 - \beta^2)x'/v)。 \end{cases} \tag{22}$$

如果 $\beta=1$，（21）式变为

$$\begin{cases} x' = x - vt, \\ y' = y, \\ z' = z, \\ t' = t。 \end{cases}$$

这就是伽利略变换的公式。此时在不同惯性系中具有相同的时间，时间与空间独立无关，这就是绝对时空。

如果 $\beta\neq1$，那么在(22)式中 t 的表达式同时含有 t' 和 x' 的因子，表明在 K' 中不同位置处同时发生的事件在 K 中具有不同的时间。时间与空间密切相关，并不独立于空间。不同惯性系中的时间不一样，时间是相对的。这就是相对时空。

由上面的公式(22)可得

$$\frac{\Delta x}{\Delta t} = \frac{\Delta x' + v\Delta t'}{\Delta t' + (1-\beta^2)\Delta x'/v} = \frac{\dfrac{\Delta x'}{\Delta t'} + v}{1 + (1-\beta^2)\dfrac{\Delta x'}{v\Delta t'}}。$$

记 $u' = \dfrac{\Delta x'}{\Delta t'}$，$u = \dfrac{\Delta x}{\Delta t}$，那么

$$u = \frac{u' + v}{1 + (1-\beta^2)u'/v}。$$

v 为 K' 系相对 K 系沿 x 轴运动的速度，u' 为物体在 K' 系中沿 x' 轴运动的速度，u 为物体在 K 系中沿 x 轴运动的速度。如果 $v>0$ 且 $u'>0$，表明物体在 K 系中沿 x 轴正向运动，有 $u>0$，那么

$$1 + (1-\beta^2)u'/v > 0.$$

如果 $\beta>1$，那么由上式得 $u' < \dfrac{v}{\beta^2-1}$，即 u' 具有上限。如果 $\beta<1$，那么

$$u = \frac{u' + v}{1 + (1-\beta^2)u'/v} = \frac{v}{1-\beta^2} - \frac{\dfrac{v}{1-\beta^2} - v}{1 + (1-\beta^2)u'/v} < \frac{v}{1-\beta^2},$$

即 u 具有上限。

根据相对性原理，u' 和 u 都不会无限增大，将具有相同上限。设这个上限为 w，那么

$$w = \frac{w + v}{1 + (1 - \beta^2)w/v},$$

可得

$$\beta^2 = 1 - \frac{v^2}{w^2} < 1。$$

可见 $\beta<1$，$\beta>1$ 的情况并不会出现。那么

$$\beta = \sqrt{1 - v^2/w^2}, w = \frac{v}{\sqrt{1 - \beta^2}},$$

公式（21）变为

$$\begin{cases} x' = \dfrac{x - vt}{\sqrt{1 - v^2/w^2}}, \\ y' = y, \\ z' = z, \\ t' = \dfrac{t - xv/w^2}{\sqrt{1 - v^2/w^2}}。 \end{cases}$$

这正好是洛伦兹变换的表达式，其中 $c=w$ 是速度上限。

　　注意到这里并没有用到光速不变的假设。在相对时空中，由于时间与空间及运动相关，物体的运动速度并不能无限大，而是具有上限。光速就是这个上限，引力波速也是这个上限。物体速度接近上限时，其时钟变慢，接近停止。如果物体在每一时刻都有具体的位置，那么它就有确定的速度，不可能无限大。在时间表达式中，只要空间项不为零，时空就是相对的，速度就具有上限。

　　由上可知，满足相对性原理的惯性系变换只有伽利略变换和洛伦兹变换两种。在伽利略变换中，物体运动的速度没有上限，在洛伦兹变换中，物体运动的速度具有上限。

　　如同平行公理只有三种，分别导致欧式几何、罗氏几何和黎曼几何，惯性系变换只有两种：伽利略变换和洛伦兹变换，分别导致绝对时空观的牛顿力学和相对时空观的相对论力学。

　　麦克斯韦方程组不满足伽利略变换不变性，而满足洛伦兹变换不变性，表明相对时空观比绝对时空观更加符合客观世界。光速不变原理是相对时空观的内在表现。

4　相对论动能公式的初等推导

在 §8-7，我们假设一个静止质量为 m_0 的物体，在固定力 f 的作用下，从静止开始运动一段时间 t 后达到速度 v，此时物体的质量为 m，运动距离为 s，有

$$ft = mv = m_0 v / \sqrt{1 - v^2/c^2},$$

那么

$$ft\sqrt{1 - v^2/c^2} = m_0 v,$$
$$f^2 t^2 (1 - v^2/c^2) = m_0{}^2 v^2,$$
$$f^2 t^2 = v^2 (m_0{}^2 + f^2 t^2/c^2).$$

由此可得

$$v = ft / \sqrt{m_0{}^2 + f^2 t^2/c^2}$$

以及

$$m = ft/v = \sqrt{m_0{}^2 + f^2 t^2/c^2}.$$

物体运动的速度曲线如图 12 所示。物体的运动距离 s 为图中阴影部分的面积，是一个定积分：

$$s = \int_0^t v\,\mathrm{d}t = \int_0^t \frac{ft}{\sqrt{m_0^2 + f^2 t^2/c^2}}\,\mathrm{d}t,$$

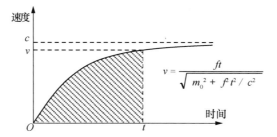

图 12　物体在恒力作用下的运动速度曲线

我们这里不使用高等数学的工具，仅仅使用初等数学的方法和一点数学

技巧，来得到面积 s 的表达式。如图 13 所示，把时间区间 $[0, t]$ 分成 n 等份：$[t_k, t_{k+1}]$，k 从 0 到 $n-1$，其中 $t_k = \dfrac{k}{n} t$，$t_{k+1} = \dfrac{k+1}{n} t$。物体在时间 t_k 和 t_{k+1} 时的速度分别为

$$v_k = \frac{ft \dfrac{k}{n}}{\sqrt{m_0^2 + f^2 t^2 \left(\dfrac{k}{n}\right)^2 / c^2}}, \quad v_{k+1} = \frac{ft \dfrac{k+1}{n}}{\sqrt{m_0^2 + f^2 t^2 \left(\dfrac{k+1}{n}\right)^2 / c^2}}。$$

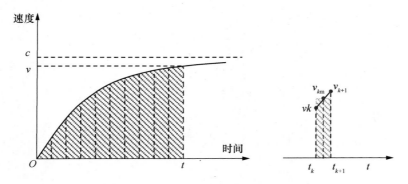

图 13　面积的分割逼近

物体在时间 t_k 和 t_{k+1} 时的质量分别为

$$m_k = \sqrt{m_0^2 + f^2 t^2 \left(\frac{k}{n}\right)^2 / c^2}, \quad m_{k+1} = \sqrt{m_0^2 + f^2 t^2 \left(\frac{k+1}{n}\right)^2 / c^2}。$$

记

$$v_{km} = \frac{ft \dfrac{k}{n} + ft \dfrac{k+1}{n}}{\sqrt{m_0^2 + f^2 t^2 \left(\dfrac{k}{n}\right)^2 / c^2} + \sqrt{m_0^2 + f^2 t^2 \left(\dfrac{k+1}{n}\right)^2 / c^2}}。$$

若 $0 < \dfrac{a_1}{a_2} < \dfrac{a_3}{a_4}$，则有 $\dfrac{a_1}{a_2} < \dfrac{a_1 + a_3}{a_2 + a_4} < \dfrac{a_3}{a_4}$，因此

$$v_k < v_{km} < v_{k+1}。$$

将 v_{km} 进行简化，可得

$$v_{km} = \frac{ft \dfrac{2k+1}{n} \left(\sqrt{m_0^2 + f^2 t^2 \left(\dfrac{k+1}{n}\right)^2 / c^2} - \sqrt{m_0^2 + f^2 t^2 \left(\dfrac{k}{n}\right)^2 / c^2}\right)}{\left(m_0^2 + f^2 t^2 \left(\dfrac{k+1}{n}\right)^2 / c^2\right) - \left(m_0^2 + f^2 t^2 \left(\dfrac{k}{n}\right)^2 / c^2\right)}$$

$$= \frac{ft \dfrac{2k+1}{n}\left(\sqrt{{m_0}^2 + f^2 t^2 \left(\dfrac{k+1}{n}\right)^2 / c^2} - \sqrt{m_0^2 + f^2 t^2 \left(\dfrac{k}{n}\right)^2 / c^2}\right)}{\dfrac{f^2 t^2}{c^2}\left(\dfrac{2k+1}{n^2}\right)}$$

$$= \frac{nc^2}{ft}\left(\sqrt{m_0^2 + f^2 t^2 \left(\frac{k+1}{n}\right)^2 / c^2} - \sqrt{m_0^2 + f^2 t^2 \left(\frac{k}{n}\right)^2 / c^2}\right)$$

$$= \frac{nc^2}{ft}(m_{k+1} - m_k)_{\circ}$$

区间段 $[t_k, t_{k+1}]$ 上的面积可以近似表示为

$$s_k = v_{k\mathrm{m}}(t_{k+1} - t_k) = v_{k\mathrm{m}} \frac{t}{n} = \frac{c^2}{f}(m_{k+1} - m_k),$$

误差

$$\Delta_k < (v_{k+1} - v_k)\frac{t}{n}_{\circ}$$

那么，总面积近似值为

$$s_0 + s_1 + \cdots + s_{n-1} = \frac{c^2}{f}((m_1 - m_0) + (m_2 - m_1) + \cdots + (m_n - m_{n-1}))$$

$$= \frac{c^2}{f}(m_n - m_0) = \frac{c^2}{f}(\sqrt{{m_0}^2 + f^2 t^2 / c^2} - m_0),$$

误差

$$\Delta = \Delta_0 + \Delta_1 + \cdots + \Delta_{n-1}$$

$$< \frac{t}{n}((v_1 - v_0) + (v_2 - v_1) + \cdots + (v_n - v_{n-1}))$$

$$= \frac{t}{n}(v_n - v_0) = \frac{t}{n}(v - 0) = \frac{vt}{n}_{\circ}$$

当 n 趋向无穷时，误差 Δ 趋于 0，因此

$$s = \frac{c^2}{f}(\sqrt{m_0^2 + f^2 t^2 / c^2} - m_0)$$

就是所求的面积公式，也就是物体运动经过的距离。由于 $m = \sqrt{m_0^2 + f^2 t^2 / c^2}$，可得

$$s = \frac{c^2}{f}(m - m_0)_{\circ}$$

根据动能定理：力对物体所做的功 fs 等于物体动能的增量 ΔE，于是

$$\Delta E = c^2(m - m_0) = mc^2 - m_0c^2 。$$

物体速度为 0 时动能为 0，因此速度为 v 时的动能 E_k 为

$$E_k = 0 + \Delta E = mc^2 - m_0c^2 。$$

这就是运动物体的相对论动能公式。由于 $m = m_0/\sqrt{1 - v^2/c^2}$，于是

$$E_k = m_0c^2\left(\frac{1}{\sqrt{1 - v^2/c^2}} - 1\right) ,$$

可以证明当 v 远小于 c，即 $v/c \ll 1$ 时，这个公式接近于经典牛顿力学里的动能表达式 $E_k = \frac{1}{2}m_0v^2$。证明如下：

令 $x = v^2/c^2$，$y = \frac{1}{\sqrt{1-x}}$，不妨设 $0 < x < \frac{1}{5}$，那么 $1 < y^2 < \frac{5}{4}$，于是

$$y^2(1-x) = 1，y^2 = 1 + xy^2 = 1 + x(1 + xy^2) = 1 + x + x^2y^2 。$$

有

$$\left(1 + \frac{x}{2}\right)^2 = 1 + x + \frac{1}{4}x^2 < y^2 < 1 + x + \frac{5}{4}x^2 < \left(1 + \frac{x}{2} + \frac{x^2}{2}\right)^2 。$$

于是 $1 + \frac{x}{2} < y < 1 + \frac{x}{2} + \frac{x^2}{2}$，有 $\frac{x}{2} < y - 1 < \frac{x}{2} + \frac{x^2}{2}$。当 $v/c \ll 1$ 时，$y - 1 \approx \frac{x}{2}$，误差不超过 $\frac{1}{2}x^2 = \frac{1}{2}(v/c)^4$，因此

$$E_k = m_0c^2\left(\frac{1}{\sqrt{1 - v^2/c^2}} - 1\right) \approx m_0c^2\left(\frac{1}{2}v^2/c^2\right) = \frac{1}{2}m_0v^2 。$$

这就是牛顿力学里的动能公式。可见在低速运动，即 $v \ll c$ 的情况下，经典牛顿力学动能公式是相对论动能公式的良好近似。

5　从开普勒三定律到万有引力定律

丹麦天文学家第谷（1546—1601）一生观测天文，对各种天体进行了长期系统的观测，积累了大量极为精确的天文观测资料。第谷的助手，德国天文学家开普勒（1571—1630）仔细分析和计算了第谷对行星，尤其是火星的长时间观测资料，归纳总结出行星运动三大定律，对行星运动

的规律进行了数学描述（见图 14）。其中第一和第二定律发表于 1609
年，第三定律发表于 1619 年。

开普勒三大定律的内容是：

（1）所有行星绕太阳运行的轨道都是椭圆，太阳位于椭圆的一个焦
点上。

（2）行星和太阳的连线在相等的时间间隔内扫过相同的面积。

（3）行星绕太阳运行周期的平方与轨道半长轴的立方成正比。

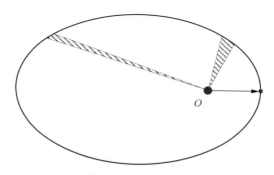

图 14　行星运动轨道

牛顿根据开普勒对行星轨道的运动学描述，分析了行星运动的动力
学原因，得到了万有引力定律，由此指出天体和地面上物体的运动都遵
循同样的力学原理。

这里给出从开普勒运动定律到万有引力定律的一个比较初等的推导
过程。之后，我们再从万有引力定律出发，用初等方法给出行星的轨道
方程。

5-1　从开普勒运动定律到万有引力定律

行星绕太阳运动的椭圆轨道可以用极坐标表示为

$$r = \frac{p}{1 + e\cos\theta},$$

其中，p 为常量，e 为椭圆轨道的偏心率，满足 $0 < e < 1$，$\theta = 0$ 时 r 取
得最小值 $R = \frac{p}{1 + e}$，即为近日点。

当 Δt 很小时，角速度 $\omega = \dfrac{\Delta \theta}{\Delta t}$，$H = r^2 \omega$ 为单位时间内太阳与行星连线扫过面积的两倍。根据开普勒第二定律，H 是常量。

如图 15 所示，行星运动的速度矢量 $\boldsymbol{v}$ 可以按照沿着径矢方向和垂直于径矢方向分解成径向速度 $\boldsymbol{v}_r$ 与横向速度 $\boldsymbol{v}_\theta$：

$$\boldsymbol{v} = \boldsymbol{v}_r + \boldsymbol{v}_\theta = v_r \boldsymbol{e}_r + v_\theta \boldsymbol{e}_\theta,$$

其中，$\boldsymbol{e}_r$ 是径向单位矢量，指向径矢增加的方向，$\boldsymbol{e}_\theta$ 是横向单位矢量，

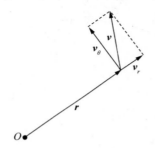

图 15　径向速度与横向速度

与径向垂直，指向角度增加的方向。横向速度 $\boldsymbol{v}_\theta$ 是径矢的方向变化产生的，其大小为

$$v_\theta = \frac{r\Delta\theta}{\Delta t} = r\omega = \frac{H}{r} = \frac{H}{p}(1 + e\cos\theta)。$$

径向速度 $\boldsymbol{v}_r$ 是径矢的大小变化产生的，其大小为

$$v_r = \frac{\Delta r}{\Delta t}。$$

考虑 x 坐标 $x = r\cos\theta$，根据 $r = \dfrac{p}{1 + e\cos\theta}$，得

$$p = r + er\cos\theta = r + ex。$$

由于 p 为常量，于是

$$\Delta r + e\Delta x = 0, \Delta r = -e\Delta x。$$

由此可得

$$v_r = \frac{\Delta r}{\Delta t} = -e\frac{\Delta x}{\Delta t} = -ev_x,$$

其中 $v_x = \dfrac{\Delta x}{\Delta t}$ 为 x 轴方向速度（见图 16）。注意到 v_x 是 $\boldsymbol{v}_r$ 和 $\boldsymbol{v}_\theta$ 在 x 轴方向

上分量的代数和，有

$$v_x = v_r\cos\theta - v_\theta\sin\theta,$$

于是

$$v_r = -ev_x = ev_\theta\sin\theta - ev_r\cos\theta。$$

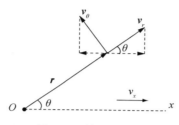

图 16　x 轴方向速度

由此可得

$$v_r = \frac{e\sin\theta}{1 + e\cos\theta}v_\theta。$$

根据前面的 $v_\theta = \dfrac{H}{p}(1 + e\cos\theta)$，得

$$v_r = \frac{eH}{p}\sin\theta。$$

这样，

$$
\begin{aligned}
\boldsymbol{v} &= v_r\,\boldsymbol{e}_r + v_\theta\,\boldsymbol{e}_\theta \\
&= \frac{eH}{p}\sin\theta\,\boldsymbol{e}_r + \frac{H}{p}(1 + e\cos\theta)\,\boldsymbol{e}_\theta \\
&= \frac{H}{p}\,\boldsymbol{e}_\theta + \frac{eH}{p}(\cos\theta\,\boldsymbol{e}_\theta + \sin\theta\,\boldsymbol{e}_r)。
\end{aligned}
$$

记 $\boldsymbol{u} = \cos\theta\,\boldsymbol{e}_\theta + \sin\theta\,\boldsymbol{e}_r$。注意 $\boldsymbol{u}$ 其实是一个单位长度的常矢量，其大小为 1，角度为 $\theta = \dfrac{\pi}{2}$，垂直于极轴，其在横向和径向的分量分别是 $\cos\theta$ 和 $\sin\theta$（见图 17），那么

$$\boldsymbol{v} = \frac{H}{p}\,\boldsymbol{e}_\theta + \frac{eH}{p}\,\boldsymbol{u}。$$

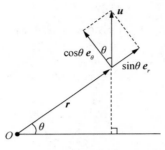

图 17　常矢量 u 及其分量

$\dfrac{eH}{p}u$ 是常矢量，于是

$$\Delta v = \frac{H}{p}\Delta e_\theta \text{。}$$

由于 e_r 与 e_θ 是单位矢量，只有方向而无大小的变化，当角度不变时，e_r 与 e_θ 都不变。当角度发生一个微小的变化 $\Delta\theta$ 时，e_r 变化的大小是 $\Delta\theta$，方向与 e_θ 相同；e_θ 变化的大小也是 $\Delta\theta$，而方向与 e_r 相反。因此

$$\begin{cases} \Delta e_r = \Delta\theta\, e_\theta, \\ \Delta e_\theta = -\,\Delta\theta\, e_r, \end{cases}$$

如图 18 所示。由此可得

$$\Delta v = \frac{H}{p}\Delta e_\theta = -\,\frac{H}{p}\Delta\theta\, e_r \text{。}$$

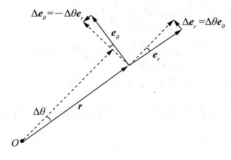

图 18　单位矢量的变化量

加速度矢量为

$$a = \frac{\Delta v}{\Delta t} = -\frac{H}{p} \frac{\Delta \theta}{\Delta t} e_r = -\frac{H}{p} \omega e_r = -\frac{H^2}{pr^2} e_r。$$

记 $K = \dfrac{H^2}{p}$，则 K 为常数，

$$a = -\frac{K}{r^2} e_r。$$

这表明，行星运动的加速度方向与 e_r，即径矢的方向相反，大小与径矢大小的平方成反比。

行星具有加速度 a，表明行星受到一个力 F 的作用。根据牛顿第二定律

$$F = ma = -\frac{Km}{r^2} e_r，$$

这个力的方向与行星径矢方向相反，指向太阳，因此是来自太阳的有心力，是一个吸引力。力的大小与径矢大小 r 的平方成反比，与行星质量 m 成正比。

根据牛顿第三定律，太阳也受到来自行星的同样大小的吸引力，这个力的大小与太阳的质量 M 成正比。由此可知 K 与 M 成正比，记 $K = GM$，G 为常数，那么

$$F = -\frac{GMm}{r^2} e_r。$$

这就是著名的万有引力公式，其标量形式为

$$F = -\frac{GMm}{r^2}。$$

5-2　从万有引力定律到行星轨道方程

我们观察一个质量为 m 的行星绕一个质量为 M 的大质量恒星的运动。假设恒星和行星都是质点，且 $m \ll M$，恒星可以看作是不动的。根据牛顿第二定律和万有引力定律，可得

$$ma = -\frac{GMm}{r^2} e_r，$$

其中，a 是行星的加速度矢量，e_r 是径向单位矢量。可得行星的速度变化率为

$$\frac{\Delta \boldsymbol{v}}{\Delta t} = \boldsymbol{a} = -\frac{GM}{r^2}\boldsymbol{e}_r。$$

行星绕恒星转动的角动量大小为

$$L = mrv_\theta = mr^2\omega。$$

由于万有引力是有心力，不改变行星运动的角动量，因此行星在运动过程中角动量守恒，$r^2\omega = H$ 是一个常数。由此可得

$$\frac{\Delta\theta}{\Delta t} = \omega = \frac{H}{r^2}。$$

如果 $H = 0$，行星角动量为零，最终将沿直线落向恒星或直线远离恒星而去。我们假设 $H \neq 0$，于是可得

$$\frac{\Delta \boldsymbol{v}}{\Delta\theta} = -\frac{GM}{H}\boldsymbol{e}_r，$$

有

$$\Delta \boldsymbol{v} = -\frac{GM}{H}\Delta\theta\,\boldsymbol{e}_r = \frac{GM}{H}\Delta\boldsymbol{e}_\theta。$$

可知速度矢量 $\boldsymbol{v}$ 与 $\dfrac{GM}{H}\boldsymbol{e}_\theta$ 只相差一个常矢量。记这个常矢量为 $\boldsymbol{u}$，有

$$\boldsymbol{v} = \frac{GM}{H}\boldsymbol{e}_\theta + \boldsymbol{u}。$$

设 $\boldsymbol{u}$ 的方向角为 θ_0，那么 $\boldsymbol{u}$ 与径矢 $\boldsymbol{r}$ 的夹角为 $\theta_0 - \theta$，$\boldsymbol{u}$ 的径向分量和横向分量分别是 $u\cos(\theta_0 - \theta)$ 和 $u\sin(\theta_0 - \theta)$，于是

$$\boldsymbol{u} = u\cos(\theta_0 - \theta)\,\boldsymbol{e}_r + u\sin(\theta_0 - \theta)\,\boldsymbol{e}_\theta，$$

如图 19 所示。可以通过选择坐标系的极轴方向使得 $\theta_0 = \dfrac{\pi}{2}$，于是

$$\boldsymbol{u} = u\cos\left(\frac{\pi}{2} - \theta\right)\boldsymbol{e}_r + u\sin\left(\frac{\pi}{2} - \theta\right)\boldsymbol{e}_\theta$$

$$= u\sin\theta\,\boldsymbol{e}_r + u\cos\theta\,\boldsymbol{e}_\theta。$$

由此得

$$\boldsymbol{v} = \frac{GM}{H}\boldsymbol{e}_\theta + \boldsymbol{u}$$

$$= \frac{GM}{H}\boldsymbol{e}_\theta + u\cos\theta\,\boldsymbol{e}_\theta + u\sin\theta\,\boldsymbol{e}_r$$

$$= \left(\frac{GM}{H} + u\cos\theta\right)\boldsymbol{e}_\theta + u\sin\theta\,\boldsymbol{e}_r。$$

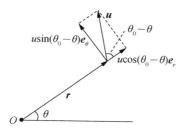

图 19 常矢量 u 及其分量

可知速度的径向分量和横向分量分别是

$$v_r = u\sin\theta,$$

$$v_\theta = \frac{GM}{H} + u\cos\theta.$$

注意到 $v_\theta = r\omega = \dfrac{H}{r}$，于是

$$\frac{H}{r} = \frac{GM}{H} + u\cos\theta.$$

这样

$$r = \frac{H}{\dfrac{GM}{H} + u\cos\theta} = \frac{\dfrac{H^2}{GM}}{1 + \dfrac{uH}{GM}\cos\theta}.$$

记 $p = \dfrac{H^2}{GM}$，$e = \dfrac{uH}{GM}$，得

$$r = \frac{p}{1 + e\cos\theta}.$$

这就是圆锥曲线的极坐标方程，表明行星运动的轨道是一条圆锥曲线：当 $e=0$ 时，轨道为圆；$0<e<1$ 时，轨道为椭圆；$e=1$ 时，轨道为抛物线；$e>1$ 时，轨道为双曲线。开普勒定律所描述的椭圆轨道只是多种情形中的一种。

6　从等效原理到时空弯曲

假设孤寂的空间中有一个质量为 M 的天体，距离天体无穷远处的空间是一个静止的惯性系 K'，一部质量很小的电梯从无穷远处由静止向天体自由降落（见图 20）。电梯与天体距离为 r 时速度为 v，加速度与电梯质量无关，为引力加速度

$$a = -\frac{GM}{r^2}。$$

根据速度和加速度的定义，电梯的运动满足如下方程：

$$\begin{cases} \dfrac{\mathrm{d}r}{\mathrm{d}t} = v, \\[2mm] \dfrac{\mathrm{d}v}{\mathrm{d}t} = -\dfrac{GM}{r^2}。 \end{cases}$$

由此可得

$$v\mathrm{d}v = -\frac{GM}{r^2}\mathrm{d}r,$$

积分，得

$$\frac{1}{2}v^2 = \frac{GM}{r} + 常量。$$

由于 r 无穷大时 $v = 0$，故该常量为 0，可得

$$\frac{1}{2}v^2 = \frac{GM}{r},$$

有

$$v = \sqrt{\frac{2GM}{r}}。$$

这一结果也可以通过初等的方法来得到。

　　假设电梯与天体距离为 r 时速度为 v，经过一段很小的时间 Δt，距离的变化量为 Δr，速度的变化量为 Δv，那么

$$\begin{cases} \dfrac{\Delta r}{\Delta t} = v, \\[2mm] \dfrac{\Delta v}{\Delta t} = -\dfrac{GM}{r^2}。 \end{cases}$$

由此可得

图 20

$$v\Delta v = -\frac{GM}{r^2}\Delta r。（负号表示 v 增加时 r 减小）$$

经过一段时间后，速度从 v_a 增加到 v_b，距离从 r_a 减小到 r_b，对上式进行累加，就得到图 21 中函数 $y=v$ 与函数 $y=GM/r^2$ 围成的两个阴影部分的面积 $S_v=S_r$。S_v 是一个梯形的面积，其大小为

$$S_v = \frac{1}{2}(v_a + v_b)(v_b - v_a) = \frac{1}{2}(v_b^2 - v_a^2)。$$

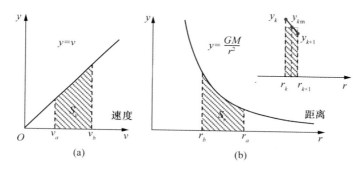

图 21

S_r 是一个曲边梯形的面积。为求 S_r，我们把区间 $[r_b，r_a]$ 分成 n 等份：$[r_k，r_{k+1}]$，k 从 0 到 $n-1$，其中

$$r_k = r_b + \frac{k}{n}(r_a - r_b)。$$

记

$$y_k = \frac{GM}{r_k^2}，y_{k+1} = \frac{GM}{r_{k+1}^2}，y_{km} = \frac{GM}{r_k r_{k+1}} = \frac{GM}{r_{k+1} - r_k}\left(\frac{1}{r_k} - \frac{1}{r_{k+1}}\right)，$$

则

$$y_k > y_{km} > y_{k+1}。$$

在区间 $[r_k，r_{k+1}]$ 上的面积可近似表示为

$$s_k = y_{km}(r_{k+1} - r_k) = GM\left(\frac{1}{r_k} - \frac{1}{r_{k+1}}\right)，$$

误差

$$\Delta_k < (y_k - y_{k+1})(r_{k+1} - r_k)$$

$$= \left(\frac{GM}{r_k^2} - \frac{GM}{r_{k+1}^2}\right)(r_{k+1} - r_k)$$

$$= \frac{GM}{r^k 2r_{k+1}^2}(r_{k+1}+r_k)(r_{k+1}-r_k)2$$

$$< \frac{2GMr_a}{r_b^4}\left(\frac{r_a-r_b}{n}\right)^2。$$

在区间 $[r_b, r_a]$ 上的总面积近似值为

$$s_0 + s_1 + \cdots + s_{n-1}$$

$$= GM\left(\left(\frac{1}{r_0}-\frac{1}{r_1}\right)+\left(\frac{1}{r_1}-\frac{1}{r_2}\right)+\cdots+\left(\frac{1}{r_{n-1}}-\frac{1}{r_n}\right)\right)$$

$$= GM\left(\frac{1}{r_0}-\frac{1}{r_n}\right) = GM\left(\frac{1}{r_b}-\frac{1}{r_a}\right),$$

总误差

$$\Delta = \Delta_0 + \Delta_1 + \cdots + \Delta_{n-1}$$

$$< n\frac{2GMr_a}{r_b^4}\left(\frac{r_a-r_b}{n}\right)^2 = \frac{1}{n}\cdot\frac{2GMr_a(r_a-r_b)^2}{r_b^4}。$$

当 n 趋向无穷时，误差 Δ 趋于 0，因此

$$S_r = GM\left(\frac{1}{r_b}-\frac{1}{r_a}\right)。$$

根据 $S_v = S_r$，可得

$$\frac{1}{2}(v_b^2-v_a^2) = GM\left(\frac{1}{r_b}-\frac{1}{r_a}\right),$$

由此得

$$\frac{1}{2}v_b^2-\frac{GM}{r_b} = \frac{1}{2}v_a^2-\frac{GM}{r_a},$$

因此

$$\frac{1}{2}v^2-\frac{GM}{r} = 常量。$$

当 r 无穷大时 $v=0$，故该常量为 0，可得

$$v = \sqrt{\frac{2GM}{r}}。$$

根据等效原理，自由下落的电梯参考系与无引力场的惯性系不可区分，狭义相对论的定律在其中完全成立。电梯中的观察者不知道引力场的存在，好像没有引力场一样，以为一直处在太空惯性系 K' 中，电梯

中与惯性系 K' 中的时空是一样的。

电梯经过距离天体 r 处相对天体静止的 A 点时，A 点以速度 v 相对电梯朝相反方向运动，因此 A 点处的时钟相对电梯中的时钟（等同于无穷远处的时钟）变慢了。设 A 点处时钟走时为 $\mathrm{d}t$，在电梯中时钟走时为 $\mathrm{d}t'$，那么根据狭义相对论钟慢效应公式得

$$\mathrm{d}t = \mathrm{d}t'\sqrt{1 - v^2/c^2} = \mathrm{d}t'\sqrt{1 - \frac{2GM}{rc^2}},$$

有 $\mathrm{d}t < \mathrm{d}t'$，靠近天体的地方时钟走时变慢了。这就是引力时间膨胀或引力红移。

设 A 点处沿着天体半径方向的标尺长度为 $\mathrm{d}x$，垂直于半径方向的标尺长度为 $\mathrm{d}y$，在电梯中（等同于无穷远处）观察相应方向的标尺长度分别是 $\mathrm{d}x'$ 和 $\mathrm{d}y'$，那么根据狭义相对论尺缩效应，可得

$$\mathrm{d}x' = \mathrm{d}x\sqrt{1 - v^2/c^2} = \mathrm{d}x\sqrt{1 - \frac{2GM}{rc^2}},$$

$$\mathrm{d}y' = \mathrm{d}y,$$

有 $\mathrm{d}x' < \mathrm{d}x$。这就是径向引力尺缩与横向无引力尺缩，也就是空间弯曲。

这样我们从等效原理和狭义相对论出发，得到了广义相对论的时空弯曲效应。

根据公式 $v = \sqrt{\dfrac{2GM}{r}}$，似乎只要天体的质量足够大、半径足够小，电梯的速度最终都会超过光速。此时天体半径小于 $r_\mathrm{S} = \dfrac{2GM}{c^2}$，即史瓦西半径，天体成为一个黑洞，电梯在黑洞的视界处达到光速。注意到实际上我们假设了电梯的质量很小，和天体相比微不足道，这样电梯的引力场对天体没有任何影响。在史瓦西半径以外，我们总可以使用质量足够小的电梯来测试天体周围的时空。但是在史瓦西半径处，任意接近光速运动的测试质量都会趋于无穷大，天体必然受电梯影响发生运动，上面的假设不再成立。因此这个方法只能用来研究非黑洞天体或者黑洞史瓦西半径以外的时空，史瓦西半径以内由黑洞理论进行研究。

7　太阳边缘的星光偏折角计算

1911 年爱因斯坦在《关于引力对光传播的影响》一文中，利用等效原理和惠更斯原理，给出了太阳边缘的光线偏折角公式为

$$\delta = \frac{2GM}{Rc^2}。$$

这一结果只有实际值的一半，与牛顿力学中的偏折角相等。1915 年爱因斯坦根据广义相对论重新计算，得到了与实际相符的结果

$$\delta = \frac{4GM}{Rc^2}。$$

如果同时考虑到引力钟慢效应和径向引力尺缩效应，即时空弯曲，从等效原理出发，也能得到这一结果。

在无穷远处的惯性系 K' 中观察，引力场中静止的时钟走时变慢了。设引力场中距离天体中心 r 处的时钟走时为 $\mathrm{d}t$，在 K' 中观察走时为 $\mathrm{d}t'$，那么

$$\mathrm{d}t = \mathrm{d}t'\sqrt{1 - \frac{2GM}{rc^2}}。$$

引力场中的尺杆沿引力半径方向长度缩短了，横向长度不变。设引力场中距离天体中心 r 处径向的尺杆长度为 $\mathrm{d}r$，横向尺杆的长度为 $\mathrm{d}w$，在 K' 中观察长度分别为 $\mathrm{d}r'$ 和 $\mathrm{d}w'$，那么

$$\mathrm{d}r' = \mathrm{d}r\sqrt{1 - \frac{2GM}{rc^2}},$$

$$\mathrm{d}w' = \mathrm{d}w,$$

由此可以得到

$$\frac{\mathrm{d}r'}{\mathrm{d}t'} = \frac{\mathrm{d}r}{\mathrm{d}t}\left(1 - \frac{2GM}{rc^2}\right),$$

$$\frac{\mathrm{d}w'}{\mathrm{d}t'} = \frac{\mathrm{d}w}{\mathrm{d}t}\sqrt{1 - \frac{2GM}{rc^2}}。$$

这意味着在 K' 中观察引力场中沿径向传播的光，速度将为

$$c' = c\left(1 - \frac{2GM}{rc^2}\right) < c,$$

垂直于径向的光速则为

$$c' = c\sqrt{1 - \frac{2GM}{rc^2}} < c,$$

看起来引力场中的光速变慢了。这种光速是坐标光速，是在远处的惯性系 K' 中观察引力场中的光速，是一种第三观察者光速。实际上用引力场中任一点的时钟和标尺测得该点的真实光速仍然为 c，而惯性系 K' 中的光速也仍然是 c，光速不变原理并没有改变。

根据惠更斯原理，光波波前上的每一点都可以看作次级子波的波源，这些次级子波传播波形的包络构成新的波前。在波前上各点的光速分布如果有差异，光线就会发生偏折。

如图 22 所示，设 ε 是光波在 t 时刻的波前，P_1 和 P_2 是波前上相距为 $\mathrm{d}n$ 的两点，两点处光速分别为 c_1 和 c_2，分别以 P_1 和 P_2 为圆心，以 $c_1\mathrm{d}t$ 和 $c_2\mathrm{d}t$ 为半径作圆，再作出这些圆的切线，就得到 $t + \mathrm{d}t$ 时刻的波前 ε'，于是光线在 $\mathrm{d}t$ 时间内的偏转角是

$$\mathrm{d}\alpha = \frac{c_1\mathrm{d}t - c_2\mathrm{d}t}{\mathrm{d}n} = \frac{\mathrm{d}c}{\mathrm{d}n}\mathrm{d}t。$$

在 K' 中观察引力场中的光速分布发生变化，光线就会偏折。

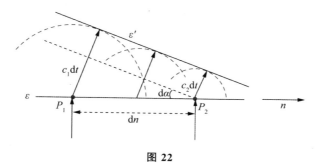

图 22

假设天体中心为 O 点，天体半径为 R，光线从天体边缘经过距离天体中心最近的 P 点，垂直于 OP 方向射出。以 O 点为原点，OP 方向为

x 轴，光线从 P 点射出方向为 y 轴方向建立坐标系，如图 23 所示。

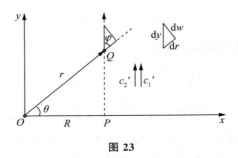

图 23

在弱场近似下，光线过 P 点沿 y 轴方向准直线传播，当光线运动到 Q 点时，与天体中心距离为 r，OQ 与 x 轴的夹角为 θ，光线方向与径向夹角为 $\varphi = \pi/2 - \theta$。假设光线在 Q 点运动距离为 $\mathrm{d}y$，在径向和横向的位移分别是 $\mathrm{d}r$ 和 $\mathrm{d}w$，那么

$$\frac{\mathrm{d}r}{\mathrm{d}y} = \cos\varphi = \sin\theta = \frac{y}{r}, \quad (\mathrm{d}y)^2 = (\mathrm{d}r)^2 + (\mathrm{d}w)^2。$$

在 K' 中观察，有

$$\mathrm{d}y' = \sqrt{(\mathrm{d}r')^2 + (\mathrm{d}w')^2} = \sqrt{(\mathrm{d}r)^2 \left(1 - \frac{2GM}{rc^2}\right) + (\mathrm{d}w)^2}$$

$$= \sqrt{(\mathrm{d}r)^2 + (\mathrm{d}w)^2 - (\mathrm{d}r)^2 \frac{2GM}{rc^2}} = \sqrt{(\mathrm{d}y)^2 - (\mathrm{d}y)^2 \left(\frac{\mathrm{d}r}{\mathrm{d}y}\right)^2 \frac{2GM}{rc^2}}$$

$$= \mathrm{d}y \sqrt{1 - \left(\frac{\mathrm{d}r}{\mathrm{d}y}\right)^2 \frac{2GM}{rc^2}} = \mathrm{d}y \sqrt{1 - \left(\frac{y}{r}\right)^2 \frac{2GM}{rc^2}},$$

那么

$$c' = \frac{\mathrm{d}y'}{\mathrm{d}t'} = \frac{\mathrm{d}y}{\mathrm{d}t} \sqrt{1 - \left(\frac{y}{r}\right)^2 \frac{2GM}{rc^2}} \sqrt{1 - \frac{2GM}{rc^2}}$$

$$= c \sqrt{1 - \left(\frac{y}{r}\right)^2 \frac{2GM}{rc^2}} \sqrt{1 - \frac{2GM}{rc^2}}。$$

对于太阳，$\frac{GM}{Rc^2} \approx 2.12 \times 10^{-6} \ll 1$ 是小量，其平方更小，于是

$$c' = c\sqrt{1 - \left(\frac{y}{r}\right)^2 \frac{2GM}{rc^2}}\sqrt{1 - \frac{2GM}{rc^2}}$$

$$\approx c\left(1 - \left(\frac{y}{r}\right)^2 \frac{GM}{rc^2}\right)\left(1 - \frac{GM}{rc^2}\right)$$

$$\approx c\left(1 - \frac{GM}{rc^2} - \frac{GMy^2}{r^3c^2}\right)。$$

在 K' 中观察，r 增大时 c' 变大，因此光线将向内侧偏折。观察 c' 在横向分布的变化率，此时 y 不变，根据 $r^2 = x^2 + y^2$，有 $2r\mathrm{d}r = 2x\mathrm{d}x$，可得 $\frac{\mathrm{d}r}{\mathrm{d}x} = \frac{x}{r}$，于是 c' 在横向的变化率为

$$\frac{\mathrm{d}c'}{\mathrm{d}n} = \frac{\mathrm{d}c'}{\mathrm{d}x} = \frac{\mathrm{d}c'}{\mathrm{d}r}\frac{\mathrm{d}r}{\mathrm{d}x} = \frac{\mathrm{d}c'}{\mathrm{d}r}\frac{x}{r}$$

$$= \frac{cx}{r}\left(\frac{GM}{r^2c^2} + \frac{3GMy^2}{r^4c^2}\right) = \frac{GMx}{c}\left(\frac{1}{r^3} + \frac{3y^2}{r^5}\right)。$$

在 $x = R$ 处，有

$$\frac{\mathrm{d}c'}{\mathrm{d}n} = \frac{GMR}{c}\left(\frac{1}{r^3} + \frac{3y^2}{r^5}\right),$$

光线偏角变化率为

$$\mathrm{d}\alpha = \frac{\mathrm{d}c'}{\mathrm{d}n}\frac{\mathrm{d}y}{c} = \frac{GMR}{c^2}\left(\frac{1}{r^3} + \frac{3y^2}{r^5}\right)\mathrm{d}y,$$

光线总偏转角为

$$\delta = \int_{-\infty}^{+\infty} \frac{GMR}{c^2}\left(\frac{1}{r^3} + \frac{3y^2}{r^5}\right)\mathrm{d}y。$$

做变量替换

$$\begin{cases} y = R\tan\theta, \\ r = R/\cos\theta, \end{cases}$$

可得

$$\mathrm{d}y = \frac{R}{\cos^2\theta}\mathrm{d}\theta,$$

$$\delta = \int_{-\infty}^{+\infty} \frac{GMR}{c^2}\left(\frac{1}{r^3} + \frac{3y^2}{r^5}\right)\mathrm{d}y$$

$$= \int_{-\frac{\pi}{2}}^{+\frac{\pi}{2}} \frac{GM}{Rc^2}(\cos\theta + 3\cos\theta\sin^2\theta)\mathrm{d}\theta$$

$$= \frac{GM}{Rc^2}(\sin\theta + \sin^3\theta)\Big|_{-\frac{\pi}{2}}^{+\frac{\pi}{2}} = \frac{4GM}{Rc^2}\text{。}$$

万有引力常数 $G \approx 6.67 \times 10^{-11}$ 牛顿·米^2/千克^2，太阳质量 $M \approx 1.988\,55 \times 10^{30}$ 千克，太阳半径 $R \approx 6.955 \times 10^8$ 米，因此可得经过太阳边缘的星光偏折角约为 1.75 角秒。

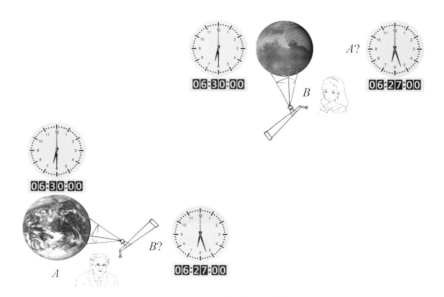

图 1-5　地球-火星对钟

图 4-30　蟹状星云

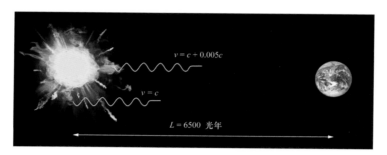

图 4-31　超新星爆发

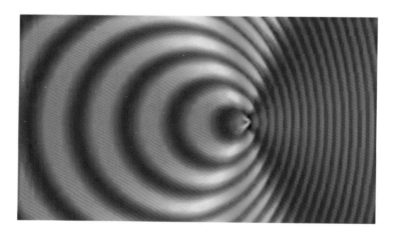

图 6-29　多普勒效应

光源以 $v=0.7c$ 速度向右运动时的多普勒效应,对右侧观察者表现为蓝移,对左侧观察者表现为红移

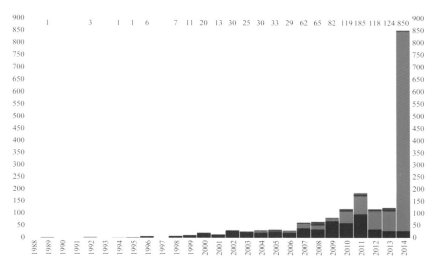

图 6-39 截至 2014 年底历年发现的系外行星数量

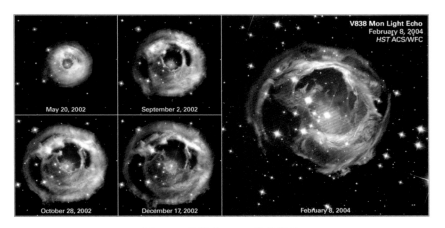

图 7-8 麒麟座 V838 恒星爆发

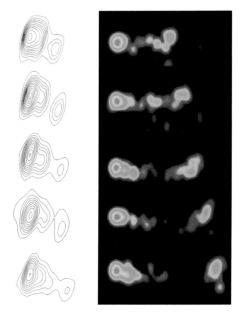

图 7-10　3C273/3C279 分离的辐射源

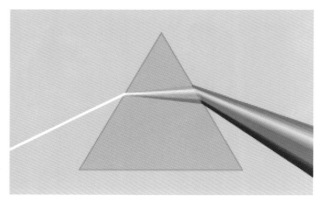

图 7-17　色散棱镜

图 7-25　哈勃望远镜拍到的 SN1987A(1990 年)

图 7-26　SN1987A 的三环结构

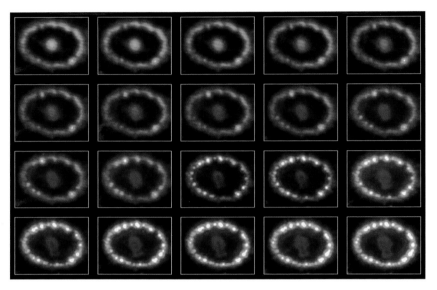

图 7-27 SN1987A 的珍珠项链

图 9-19 星球表面发出的光离开星球时会发生引力红移

图 9-31　哈勃望远镜拍到的马蹄状的爱因斯坦环 LRG3-757

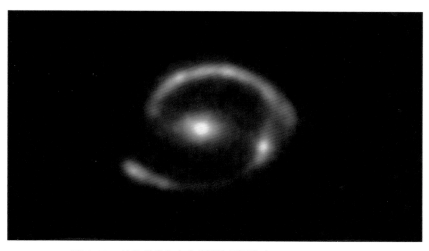

图 9-32　被称为"宇宙之眼"的爱因斯坦环 LBG J213512

图 9-33 爱因斯坦环构成的完美宇宙"笑脸"

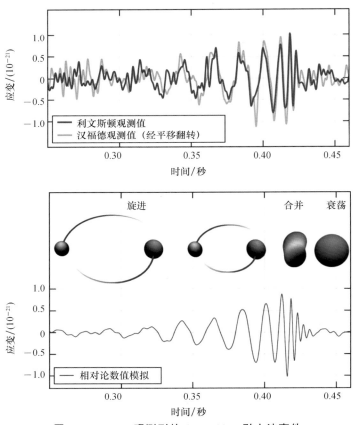

图 9-56 LIGO 观测到的 GW150914 引力波事件